W0259043

Springer-Verlag Berlin Heidelberg GmbH

Die Buchführung
für
Fabrik-Geschäfte.

Ein neues System,
einfach in seiner Anwendung, doppelt in seinen Leistungen.

Von
C. G. Otto,
(Schulz.)
Fabrik-Director.
Verfasser des Werkes: **„Die Fabrikation des Zuckers aus Rüben.“**
Vierte vollständig umgearbeitete und vermehrte Auflage.

Mit 15 elegant mit blauen und rothen Linien versehenen Schema's zu den verschiedenen Büchern.

In festem Einbande. Preis: 1 Thlr. $7^1/_2$ Sgr.

Dieses neue System der Buchführung, mit welchem der Verfasser zum ersten Male vor 12 Jahren in die Oeffentlichkeit trat, gewährt bei einer überraschenden Einfachheit und Natürlichkeit in seiner praktischen Handhabung eine solche mathematische Genauigkeit und Bestimmtheit in Bezug auf die Gleichstimmung der Bücher unter sich, und zugleich Ausführlichkeit in der Beantwortung der in einem Geschäfte vorkommenden Fragen, wie noch von keinem der vielen bisher angewandten Systeme erreicht worden ist, die doppelte Buchhaltung nicht ausgenommen. Es hat deshalb dieses System auch schnell in sehr vielen Fabrikgeschäften Eingang gefunden, und ist mit vollkommener Anerkennung seiner Brauchbarkeit beibehalten worden. Diese Thatsachen, sowie die Nothwendigkeit einer abermaligen neuen Auflage, dürften wohl der beste Beweis für den praktischen Werth des Systems sein.

In der soeben erschienenen vierten Auflage ist das Werk wieder um Vieles vervollständigt, namentlich aber das System durch beigegebene Schema's und eine in denselben als Beispiel durchgeführte Buchung und Berechnung eines ganzen Betriebsjahres so veranschaulicht worden, dass sich der Leser sofort von dessen Eigenthümlichkeit und Zweckmässigkeit überzeugen wird.

Der Sauerstoff.

Vorkommen, Darstellung und Benutzung desselben

zu

Beleuchtungszwecken

nebst einem neuen Verfahren der Sauerstoff-Beleuchtung.

Nach dem gegenwärtigen Stande der Wissenschaft und der Technik

bearbeitet von

Dr. Joseph Philipps.

Mit in den Text gedruckten Holzschnitten und 2 lithographirten Tafeln.

Springer-Verlag Berlin Heidelberg GmbH
1871

Additional material to this book can be downloaded from http://extras.springer.com

ISBN 978-3-662-32513-1 ISBN 978-3-662-33340-2 (eBook)
DOI 10.1007/978-3-662-33340-2

In neuerer Zeit wurde dem Sauerstoffe von Seiten der Chemiker und Industriellen hervorragende Aufmerksamkeit gewidmet und zahlreiche Vorschläge zur ökonomischen Darstellung dieser für die Industrie höchst wichtigen Gasart wurden gemacht. Verfasser hat es sich angelegen sein lassen, das Wichtigste über diesen Gegenstand zu sammeln und hier niederzulegen, wobei sowohl den älteren wie den neuesten litterarischen Mittheilungen Rechnung getragen wurde. Ausführlicher ist die Verwendung des Sauerstoffes zur Beleuchtung behandelt und sind die verschiedenen Entwicklungsstadien der Anwendung des Sauerstoffs zu Beleuchtungszwecken verfolgt. Zum Schlusse wird eine vom Verfasser selbst zusammengestellte Beleuchtungsmethode näher beschrieben.

Möge die kleine Schrift sich einer günstigen Aufnahme erfreuen und als Anregung dienen, dem darin behandelten Gegenstande eine noch vermehrte Beachtung zu schenken, damit derselbe in Zukunft der Industrie denjenigen Nutzen gewähre, zu dem er uns berufen zu sein scheint.

Cöln, im Februar 1871.

Der Verfasser.

Inhalts-Verzeichniss.

Inhalts-Verzeichnis

Die Entdeckung des Sauerstoffes wurde in den Jahren 1774—75 fast zu gleicher Zeit und unabhängig von einander von den beiden Chemikern Priestley und Scheele gemacht. Diese wichtige Entdeckung brachte eine grosse Umwälzung in den bisherigen Ansichten über die chemischen Veränderungen hervor. Priestley und Scheele fanden, dass der Sauerstoff einen Bestandtheil der atmosphärischen Luft ausmache und dass derselbe das Brennen der Körper und das Leben der Thiere unterhalte. Später zeigte Lavoisier, dass bei der Verbrennung eine Verbindung des brennbaren Körpers mit dem Sauerstoffe der Luft Statt finde und stellte derselbe, gestützt auf diese Thatsache, eine neue Verbrennungstheorie auf. Es gelang Priestley und auch Scheele, den Sauerstoff in reinem Zustande auf chemischem Wege darzustellen. Priestley stellte denselben aus dem Quecksilberoxyde und Scheele aus dem Braunsteine dar. Seit dieser grossen Entdeckung haben sich die ausgezeichnetsten Chemiker mit dem Gegenstande beschäftigt und die Eigenschaften des Sauerstoffes genau festgestellt. Davy und Andere erweiterten die Kenntnisse über die Natur der Verbrennungsprocesse und der Flamme, woran viele Beobachtungen späterer Chemiker über den Sauerstoff sich anschliessen. In neuerer Zeit hat sich die Aufmerksamkeit der Chemiker einer Modification des Sauerstoffes zugewandt, die von Schönbein entdeckt und Ozon genannt wurde. Da es hier nicht der Zweck ist, beiden Modificationen einzeln

Rechnung zu tragen, so sieht Verfasser von einem nähern Eingehen ab, obgleich bei manchen später angegebenen Darstellungsmethoden von Sauerstoff die eine oder andere Modification oder beide zusammen auftreten. Technischen Verwendungszwecken, namentlich zur Beleuchtung, entsprechen beide.

Sauerstoff, Oxygenium, Feuer- oder Lebensluft.

Chem. Zeichen = O.

Der Sauerstoff findet sich in grosser Menge in der Natur. Wir finden ihn in gasförmigem Zustande als einen Gemengtheil der Luft. Gebunden kommt er fast in allen Verbindungen vor, welche unsere Erde ausmachen, im Wasser, in den Mineralien, in fast allen organischen Gebilden. Nur wenige Körper sind bekannt, welche nicht die Fähigkeit besitzen, sich mit demselben zu vereinigen. Nach oberflächlicher Schätzung macht der Sauerstoff ein Fünftel der Gesammtmasse der Erde aus. Das Bestreben fast aller Körper, sich mit Sauerstoff zu verbinden, ist ein sehr grosses, daher nimmt derselbe auch Antheil an den steten Veränderungen, welche in der lebenden wie leblosen Natur vor sich gehen. Seine grosse Verbreitung deutet schon darauf hin, dass er eine wichtige Rolle in der Natur spielt, wie denn überhaupt das Thier- und Pflanzenleben im innigsten Zusammenhange mit dem Sauerstoffe der Luft steht. Die Luft ist ein Gemenge von Sauerstoff (21 Volumina) und Stickstoff (79 Volumina); mehr oder weniger enthält dieselbe noch Wasserdampf, Kohlensäure, Ammoniak u. s. w., deren Gehalt nach localen Verhältnissen abweicht, während die Verhältnisse von Sauerstoff und Stickstoff auf der ganzen Erde fast dieselben sind. Dass die Luft ein Gemenge obiger beider Gase und keine chemische Verbindung ist, dafür sprechen viele Gründe, welche an anderer Stelle erörtert werden sollen.

Bei dem grossen Verbrauche von Sauerstoff für das animalische Leben, die Verbrennungsprocesse etc., muss sich die Frage aufdrängen, ob dadurch mit der Zeit der Sauerstoffgehalt unserer Atmosphäre nicht verringert werde? Diese Frage steht in dem engsten Zusammenhange mit der Vermehrung der Kohlensäure in der Luft, welche als das Product der Verbrennungs- und Athmungsprocesse den Sauerstoff der Luft entzogen hat. Die Pflanzenwelt bedarf aber wiederum dieser Kohlensäure, welche sie in ihrem Lebensprocesse zersetzt, in der Weise, dass sie den Kohlenstoff zurückbehält und den Sauerstoff der Atmosphäre zurückgiebt. So haben wir denn in der Atmosphäre ein unerschöpfliches Reservoir für Sauerstoff.

Eigenschaften des Sauerstoffes.

Der Sauerstoff gehört zu den permanenten Gasen, da es noch nicht gelungen ist, ihn in einen andern Aggregatzustand überzuführen, weder durch Druck noch durch Kälte. Er ist farb-, geruch- und geschmacklos (hierin macht das Ozon eine Ausnahme). Der Sauerstoff ist für sich nicht brennbar, dagegen unterhält er das Brennen vieler Körper lebhaft, meist unter grosser Licht- und Wärmeentwicklung. Die Producte der Verbrennung sind Verbindungen des brennbaren Körpers mit dem Sauerstoffe; z. B. verbrennt Phosphor zu Phosphorsäure, Wasserstoff zu Wasser, Kohle zu Kohlensäure, Kohlenwasserstoff zu Wasser und Kohlensäure, Eisen zu Eisenoxyd u. s. w. Der Sauerstoff ist etwas schwerer als die Luft. Nach Regnault wiegt 1 Liter Sauerstoff bei 0^0 C. und 760 mm. Barometerstand 1,4298 Gramm, während 1 Liter Luft unter denselben Verhältnissen 1,2932 Gramm wiegt.

Im Wasser ist der Sauerstoff sehr wenig löslich, was von Wichtigkeit für die Aufbewahrung desselben in schwimmenden Gasometern ist.

Nach Bunsen absorbirt Wasser in 1000 Theilen bei

0° C. = 0,0411 Sauerstoff.
5° C. = 0,03628 „
10° C. = 0,03250 „
15° C. = 0,02989 „
20° C. = 0,02838 „

Ein charakteristisches Kennzeichen für den Sauerstoff ist, dass ein glimmender Spahn, der mit dem reinen Gase in Berührung gebracht wird, lebhaft zu brennen fortfährt. Stickstoffoxyd, mit Sauerstoff in Berührung gebracht, entwickelt augenblicklich rothe Dämpfe von Untersalpetersäure. Mit Wasserstoff oder Kohlenwasserstoffgas gemengt bildet er ein explosives Gemenge. Ferner wird der Sauerstoff reichlich von Lösungen vieler Körper absorbirt, z. B. von Kupferchlorür, Pyrogallussäure u. s. w. Man benutzt deshalb diese Körper, um den Sauerstoff aus Gasgemischen zu entfernen und zu bestimmen, z. B. um den Gehalt der Luft an Sauerstoff zu ermitteln.

A. Darstellungsmethoden des Sauerstoffes.

Unter den verschiedenen Methoden, den Sauerstoff darzustellen, hebe ich hauptsächlich diejenigen hervor, welche zur Darstellung des Gases für technische Zwecke sich eignen. Ich theile diese Methoden in drei Classen ein:

I. Darstellung auf **chemischem Wege** durch Zersetzung sauerstoffreicher Verbindungen.

II. Darstellung auf **chemischem Wege** durch directe Uebertragung des Sauerstoffes der Luft auf chemische Verbindungen, welche denselben unter geeigneten Bedingungen absorbiren und abgeben.

III. Darstellung auf **mechanische** oder **physikalische Weise** durch Trennung des Sauerstoffes der Luft von dem Stickstoffe derselben.

I. Von der Darstellung des Sauerstoffes auf chemischem Wege durch Zersetzung sauerstoffreicher Verbindungen nehme ich nur die gebräuchlichsten und diejenigen, welche verhältnissmässig die grösste Ausbeute geben und am wenigsten kostspielig sind.

1. Sauerstoff aus chlorsaurem Kali.

Diese Darstellung wird gegenwärtig in den chemischen Laboratorien und Platinfabriken meistens angewandt. Das chlorsaure Kali ist eine Verbindung von Kalium, Chlor und 6 Atomen Sauerstoff nach der Formel $KO\ ClO^5$. Beim Erhitzen bei etwa 400 Grad zersetzt sich die Verbindung in Sauerstoff, welcher gasförmig entweicht, und in Chlorkalium, welches zurückbleibt. Diese Zersetzung kann in einer Retorte von Glas, Porzellan oder Metall vorgenommen werden. Ehe sich das chlorsaure Kali zersetzt, schmilzt dasselbe, bläht sich dabei stark auf, schäumt in Folge dessen, und giebt bei der angegebenen Temperatur einen lebhaften Strom Sauerstoff. Man darf daher die Retorten nicht zu klein nehmen, ebenso dürfen die Röhren, welche das Gas dem Gasometer oder sonstigen Behältern zuführen, nicht zu eng sein, da namentlich bei rasch gesteigerter Hitze das Gas sich fast plötzlich entwickeln kann und alsdann die zu engen Röhren und die Retorte sprengen würde. Weniger gefahrvoll und jedenfalls zu empfehlen ist das vorherige Mischen des chlorsauren Kali mit Braunstein oder einem andern Metalloxyd, z. B. Eisenoxyd, Kupferoxyd, wobei letztere mindestens bis zur Hälfte des Gewichts des angewendeten chlorsauren Kali zu nehmen sind. Die Zusätze bewirken, dass die Zersetzung des chlorsauren Kali bei viel niedrigerer Temperatur und gleichförmiger von Statten geht. Das Schäumen der Masse und eine plötzliche Gasentwicklung werden dadurch vermieden. Der Braunstein oder die anderen Metalloxyde erleiden bei dieser Operation selbst keine Zersetzung; sie wirken als sogenannte Contactsubstanzen, eine Erscheinung, welche noch nicht hinlänglich erklärt ist. Nach beendigter Operation, d. h. sobald die Sauerstoffentwicklung aufhört, werden der Braunstein oder die Metalloxyde von dem zurückgebliebenen Chlorkalium durch Auswaschen getrennt und können selbige zu weiteren Zwecken dieser Art wieder angewendet werden. Es empfehlen sich als billige Retorten die Quecksilberflaschen aus Schmiedeeisen, welche zum Transporte des Quecksilbers gedient haben; in die Oeffnung dieser (leicht käuflichen) Flaschen hat man einfach ein Gasrohr von etwa $^3/_4$ Zoll Weite einzuschrauben. In derartigen Retorten, welche in jeden beliebigen Ofen gelegt werden können, lassen sich zwei Pfund chlorsaures Kali, gemischt mit einem Pfund Braunstein, in kurzer Zeit zersetzen.

Eine andere ebenfalls zweckmässige Retorte für kleinere Zwecke ist Tafel I. Fig. *a* abgebildet. Dieselbe besteht aus zwei Halbkugeln von Gusseisen. Die Ränder der beiden Halbkugeln sind flach und umgebogen und werden mittelst kleiner Schrauben, welche die Flächen dicht anziehen, auf einander gezogen. Die überstehenden Ränder sind in der Mitte mit einer Furche versehen, welche man mit angefeuchtetem Thon ausschmiert, so dass bei dem Anziehen der Schrauben ein luftdichter Verschluss hergestellt ist. Die obere Halbkugel enthält das Rohr, welches das Gas durch eine Waschflasche *b* leitet. Der auf diese Weise dargestellte Sauerstoff ist sehr rein. Wenn das Gas in Gummisäcken aufgefangen wird, so erscheint ein Waschen desselben durch eine Waschflasche angezeigt, da oft Theilchen von Chlorkalium mit übergerissen werden.

Die Ausbeute beträgt aus einem Kilogramm chlorsaurem Kali 273 Liter Sauerstoff, vorausgesetzt, dass das chlorsaure Kali rein ist. Bei diesem Verfahren hat man noch darauf zu achten, dass keine organischen Substanzen zugegen sind, mit denen das chlorsaure Kali in der Hitze verpufft. Namentlich hat man sich zu vergewisseren, dass der Braunstein frei ist von Steinkohlenpulver (womit derselbe bisweilen verfälscht wird), und dass keine Verwechslung mit Schwefelantimon Statt gefunden hat. Das Vorhandensein dieser beiden Substanzen könnte grosse Explosionen verursachen. Es ist überhaupt anzurathen, nie grössere Quantitäten als höchstens zwei Pfund chlorsaures Kali auf einmal anzuwenden; ein solches Quantum lässt sich leicht über einem Bunsen schen Gasbrenner vollständig zersetzen.

2. Sauerstoff aus zweifach chromsaurem Kali und Schwefelsäure.

Die Darstellung von Sauerstoff aus diesen Substanzen kann nicht in denselben Apparaten vorgenommen werden wie die vorige. Metalle sind hierbei zu vermeiden, da dieselben, z. B. Eisen oder Kupfer, von der Schwefelsäure angegriffen werden. Man bedient sich daher der Thon- oder Glasretorten. Das zweifach chromsaure Kali besteht aus 2 Atomen Chromsäure und 1 Atom Kaliumoxyd nach der Formel $KO\,(Cr\,O_3)^2$. Es gibt nur drei Atome Sauerstoff ab bei der Behandlung mit Schwefelsäure.

$$KO\,Cr^2O^6 + 4SO^3 = KO\,SO^3 + Cr^2\,O^3 + 3SO^3 + 3O$$

Die frei werdende Chromsäure wird also hier zersetzt in Chromoxyd und Sauerstoff. Die Schwefelsäure bemächtigt sich des Kali und des Chromoxyds und bildet so einen Rückstand aus schwefelsaurem Kali und schwefelsaurem Chromoxyd. Man wendet auf drei Theile zweifach chromsaures Kali vier Theile concentrirte Schwefelsäure an. Bei dem Erwärmen dieser Mischung entwickelt sich bald ein ruhiger und constanter Strom Sauerstoff; die Hitze wird so lange gesteigert bis die Entwicklung nachlässt. Die Ausbeute beträgt nach Pohl aus 1 Kilogramm zweifach chromsaurem Kali mit der nöthigen Menge Schwefelsäure, wie oben angegeben, 112,9 Liter Sauerstoff. Hiernach ist also die Ausbeute bedeutend geringer wie bei dem chlorsaurem Kali; dagegen hat der Rückstand noch einigen Werth zu gewissen chemischen Präparaten.

3. Sauerstoff aus Braunstein.

Der Braunstein, Pyrolusit, ist ein in der Natur vorkommendes Mineral. Er gehört zu den Superoxyden und ist eine Verbindung von 1 Atom Mangan und 2 Atomen Sauerstoff. In der Rothglühhitze zersetzt sich der Braunstein und gibt ein Drittel seines Sauerstoffes ab.

$$3 \text{ At } MnO^2 = MnO + Mn^2O^3 + 2O.$$

Es bleibt eine Verbindung von Manganoxyduloxyd zurück. Die zweckmässigsten Retorten zur Darstellung des Sauerstoffes sind die schmiedeeisernen Flaschen (wie bei der Darstellung aus chlorsaurem Kali angegeben), welche einzeln oder zu mehreren in einen gut ziehenden Ofen gelegt werden. Man erhält aus anderthalb Kilogramm Braunstein ungefähr 120 Liter Sauerstoff; die Ausbeute ist aber meist geringer, da der Braunstein selten rein ist. Meist enthält der Braunstein kohlensauren Kalk, der ebenfalls in der hohen Temperatur zersetzt wird und eine Verunreinigung des Sauerstoffes mit Kohlensäure zur Folge hat. Man kann den Braunstein vorher durch etwas Salpetersäure von dem kohlensauren Kalke befreien oder man hat nachträglich den Sauerstoff durch Flüssigkeiten zu waschen, welche die Kohlensäure absorbiren, z. B. durch Kalkwasser.

4. Sauerstoff aus Braunstein und Schwefelsäure.

Die Darstellung gibt bei geringerer Temperatur eine grössere Ausbeute als die vorige. Es müssen hier wieder Metallgefässe vermieden werden.

Der Braunstein gibt bei dieser Behandlung die Hälfte seines Sauerstoffes ab.

$$Mn\,O^2 + SO^3\,HO = MnO + SO^3\,HO + O.$$

Es bleibt schwefelsaures Manganoxydul zurück. 100 Thl. Braunstein geben 18,3 Gew.-Theile Sauerstoff. 1 Kilogramm mit ungefähr gleichen Theilen Schwefelsäure gibt ungefähr 120 Liter Sauerstoff.

5. Sauerstoff aus Chlorkalk.

Die Bereitung von Sauerstoff aus dem Chlorkalk wurde von Deville und Debray empfohlen. Der Chlorkalk des Handels besteht aus einem Gemenge von unterchlorigsaurer Kalkerde mit Chlorcalcium mit mehr oder weniger Kalkerdehydrat, welches bei der Fabrication sich der Einwirkung des Chlors entzogen hat. Wird der Chlorkalk erhitzt, so tritt bei 55° C. eine Zersetzung ein. Anfangs wird ein Drittel der unterchlorigsauren Kalkerde in Chlorcalcium und chlorsauren Kalk zerlegt. bei stärkerer Hitze bis zum Glühen zersetzt sich der chlorsaure Kalk und es bleibt Chlorcalcium zurück.

$$9\,(CaO,\,ClO + Ca\,Cl) = 17\,Ca\,Cl + CaO\,ClO^5 + 12\,O.$$

Zuletzt resultirt 18 Ca Cl und aller Sauerstoff wird abgegeben. Diejenigen Metalloxyde, welche bei der Darstellung des Sauerstoffes aus chlorsaurem Kali die Zersetzung beschleunigen, wirken auch bei dem Chlorkalk in derselben Weise. Versetzt man eine concentrirte Lösung von Chlorkalk in Wasser mit frisch gefälltem Eisen- oder Kupferoxyd, so tritt bei gewöhnlicher Temperatur, leichter beim Erwärmen auf 70° C., schon Zersetzung ein und ist von Fleitmann das Kobaltsuperoxyd zu diesem Zwecke als besonders geeignet empfohlen worden. Die Zersetzung ist hierbei eine vollkommene. Der Chlorkalk des Handels gibt ungefähr 40—50 Liter Sauerstoff per Kilogramm. Im Handel findet man häufig Chlorkalk, welcher durch Alter die Bleichkraft, d. h. den Gehalt an der unterchlorigen Säure verloren hat. In demselben ist durch Zersetzung viel chlorsaurer Kalk gebildet und würde sich daher, da er einen geringen Handelswerth hat, vortheilhaft zur Sauerstoffdarstellung eignen. Die Operation kann in eisernen oder thönernen Retorten vorgenommen werden; die eisernen müssen jedoch im Innern mit einem schützenden Ueberzuge versehen sein, etwa mit Chamotte ausgekleidet werden. Die Sauerstoffdarstellung aus Chlorkalk gehört zu den wohlfeilsten Gewinnungsarten und ist sehr beachtenswerth.

Nachdem vorstehend die wichtigsten Verfahren der Darstellung von Sauerstoff kurz erörtert worden, mögen noch einige andere Erwähnung finden, die zwar interessant sind, aber bis jetzt noch nicht in die Praxis eingeführt werden konnten, da sie theils zu kostspielig sind, theils so hohe Temperaturen bedingen, dass die Wahl der Gefässe überaus schwierig ist.

Man hat versucht, die Schwefelsäure und schwefelsauren Salze zur Sauerstoffdarstellung zu verwenden. Die Schwefelsäure und viele schwefelsauren Salze, z. B. schwefelsaures Zinkoxyd, zerfallen bei sehr hoher Temperatur in schweflige Säure und Sauerstoff resp. in Metalloxyde und schweflige Säure und Sauerstoff.

$$SO^3 = SO^2 + O.$$

Debray und Deville haben auf der Pariser Ausstellung im Jahre 1867 dieses Verfahren zuerst praktisch versucht, aber bald nachher aufgegeben. In einer glühenden Retorte, deren Boden mit schwefelsaurer Thonerde (zum Schutze der Retorte) bedeckt war, wurde Schwefelsäure getröpfelt; dieselbe zersetzte sich bei der sehr hohen Temperatur in Sauerstoff und schweflige Säure. Beide Gase wurden durch eine alkalische Lösung — entweder Natronlauge oder gebrannte Magnesia in Wasser — getrieben, die schweflige Säure wurde an das Alkali gebunden und der Sauerstoff aufgefangen.

Ein Verfahren ähnlicher Art wurde von Archereau angegeben, nämlich Gyps (schwefelsaure Kalkerde) mit Kieselsäure zu zersetzen, wobei die Schwefelsäure frei wird, und dann ebenfalls bei sehr hoher Temperatur in schweflige Säure und Sauerstoff zerfällt.

Die Waschflüssigkeit, welche die schwefligsauren Salze von Natron oder Magnesia enthält, sollte wieder zur Darstellung von Schwefelsäure benutzt werden. 100 Kilogr. wasserfreier Zinkvitriol sollen 6,8 Cbkmeter*), 2,436 Kilogr. Schwefelsäure (1,827) = 240 Liter Sauerstoff geben.

Böttger empfiehlt zur Darstellung von Sauerstoff das übermangansaure Kali. Ferner empfiehlt derselbe, ein Gemisch von Bleisuperoxyd und Baryumsuperoxyd mit schwacher Salpetersäure zu übergiessen, wobei man einen continuirlichen Strom von Sauerstoff erhält. Für die Praxis sind beide Verfahren zu theuer.

Viele salpetersauren Salze können ebenfalls zur Darstellung von Sauerstoff benutzt werden. Dieselben zersetzen sich beim Erhitzen in einer Retorte in salpetrigsaures Salz und Sauerstoff, z. B.

$$KO\ NO^5 = KO\ NO^3 + 2O.$$

Bei gesteigerter Hitze zersetzt sich auch das salpetrig-

*) 1 Cbkmeter = 32,345 Cbkfuss.

saure Kali und es treten verschiedene gasförmige Zersetzungsproducte auf. Letzters ist freilich der Grund, weshalb sich das Verfahren wenig für die Praxis eignet.

Wagner hat in seinem Jahresberichte von 1861 die Ausbeute bei den verschiedenen Verfahren zusammengestellt.

	Substanz liefert	bei 0° u. 760 mm. B. Sauerstoff in Liter
1 Kilogr.	chlorsaures Kali	273,5
1 „	Braunstein	85,7
1 „	Braunstein und Schwefelsäure	128,5
1 „	Quecksilberoxyd	51,2
1 „	zweifach chromsaures Kali mit Schwefelsäure	112,9
1 „	salpetersaures Kali	111,2
1 „	salpetersaures Natron	131,5
1 „	Baryumsuperoxyd	132,4
1 „	bester Chlorkalk des Handels	50,6
1 „	schwefelsaures Zinkoxyd	77,0
1 „	Schwefelsäure	114,2

II. Sauerstoff-Darstellung auf chemischem Wege durch directe Uebertragung des Sauerstoffes der Luft.

Die zweite Art der Sauerstoffdarstellung durch directe Uebertragung des Luftsauerstoffes auf chemische Verbindungen bietet mehr Vortheile für die Praxis, da das angewendete Material nicht erneuert zu werden braucht. Wir besitzen eine Menge einfacher Körper und Verbindungen, welche das Bestreben haben, sich schon bei gewöhnlicher Temperatur mit dem Luftsauerstoffe zu verbinden und den Stickstoff der Luft unberücksichtigt zu lassen. Hierzu gehören viele Metalle und deren niedrige Oxydationsstufen, die Oxydule-, Chlorüre, Bromüre etc. Andere dieser Art zeigen jenes Bestreben erst bei erhöhter Temperatur und sind dies solche Verbindungen, welche die Neigung haben, leicht Superoxyde zu bilden, z. B. Bleioxyd, Baryumoxyd u. s. w. Diese Superoxyde geben bei sehr hoher Temperatur den Sauerstoff wieder ab. Von den Verbindungen ersterer Art sind nur wenige, welche den Sauerstoff bei erhöhter Temperatur wieder abgeben. Hauptsächlich sind es Chlor- und Brom-Verbindungen einiger Metalle, welche sich dazu eignen. Dieselben bewahren diese Eigenschaft, vorausgesetzt, dass durch übermässige Temperaturen oder sonstige Verhältnisse die Verbindungen nicht zersetzt werden.

Wenn ein trivialer Vergleich gestattet ist, so könnte man jene Körper mit einem Badeschwamm vergleichen, der, in Wasser gelegt, sich damit vollsaugt; wird der vollgesogene Schwamm erhitzt, so geht das Wasser wieder weg u. s. w.

1. Sauerstoff mittelst metallischen Quecksilbers.

Wird metallisches Quecksilber an der Luft erwärmt, so verbindet sich der Sauerstoff der Luft mit dem Quecksilber zu Quecksilberoxyd. Letzteres ist ein rothes Pulver. Wird das erhaltene Quecksilberoxyd in einer Retorte bis zur beginnenden Rothgluth erhitzt, so zersetzt sich dasselbe und es scheidet sich in metallisches Quecksilber, welches sich in dem kälteren Theile der Retorte verdichtet, und in Sauerstoff, der entweicht. Das gesammelte Quecksilber nimmt wieder beim Erwärmen an der Luft neuen Sauerstoff auf u. s. w. Wenngleich dieses Verfahren sich praktisch im Grossen nicht verwerthen lässt, so möge es doch angeführt werden, weil dasselbe jedenfalls das erste dieser Art gewesen ist. Lavoisier hat nämlich zuerst die Verbindung des Sauerstoffes der Luft mit dem Quecksilber nachgewiesen, und Priestley zuerst aus dem rothen Quecksilberoxyde den Sauerstoff dargestellt.

Die Operation der Oxydation des metallischen Quecksilbers an der Luft ist sehr zeitraubend.

2. Sauerstoff mittelst Baryumoxyds.

Boussingault machte im Jahre 1851 den Versuch, den Sauerstoff aus der Luft durch abwechselnde Uebertragung auf chemische Verbindungen und Wiederabgabe in grösserem Maassstabe darzustellen. Es haben diese Versuche die Anregung gegeben zur Sauerstoffdarstellung im Grossen, wie sie zu technischen Zwecken erforderlich war. Boussingault bediente sich des Baryts bei seinem Verfahren.

Der Baryt, das Oxyd des Baryummetalles, wird gemischt mit einem indifferenten, nicht leicht schmelzbaren Körper (z. B. Magnesia), bis zur dunklen Rothgluht erhitzt und trockne, vorher von der Kohlensäure befreite Luft darüber geleitet. Die Operation kann in einem Porzellanrohre vollzogen werden und hat die Beimischung den Zweck, das Zusammenschmelze der Masse zu verhüten. Das Baryumoxyd nimmt bei dunkler Rothgluth den Sauerstoff aus der Luft auf und bildet damit Superoxyd.

$$BaO + O = BaO^2 = \text{Baryumsuperoxyd.}$$

Wird nun die Verbindung mit der äusseren Luft abgesperrt und das Superoxyd stärker erhitzt, so gibt dasselbe den Sauerstoff wieder ab und wird wieder zu Baryumoxyd. Der Sauerstoff entweicht und wird in entsprechenden Behältern aufgesammelt. Der Process beginnt von Neuem. Die Temperatur der Masse wird erniedrigt und wieder Luft hinzugelassen, wonach sich wieder das Superoxyd bildet u. s. w. Nach Boussingault's Versuchen erhält man aus 10 Kilogr. Baryumoxyd ungefähr 600 Liter Sauerstoff innerhalb vierundzwanzig Stunden. Da sich die Operation vier bis fünfmal erneuern lässt, so resultiren circa 2500—3000 Liter.

Das Verfahren leidet an dem Uebelstand, dass der Baryt nach einiger Zeit den Dienst versagt, indem derselbe zusammensintert. Auch greift derselbe als starke Base die Gefässe an.

In neuerer Zeit ist diese Methode von Gondolo verbessert worden. Derselbe benutzt, anstatt Porcellanröhren, Röhren aus Guss- oder Schmiedeeisen, welche im Innern mit einem Magnesialutum versehen und äusserlich mit Asbest umhüllt sind, um die aus der Porosität des Metalles hervorgehenden Uebelstände zu beseitigen. Die Röhren liegen in einem gemauerten Ofen, dessen Züge nach der Feuerstärke regulirt werden können. Der Baryt wird mit Kalk, Magnesia und etwas mangansaurem Kali versetzt, um das Zusammenfritten zu verhindern.

Nach Gondolòs Angaben war es auf diese Weise möglich 122 Operationen, bestehend in Oxydation und Desoxydation, hintereinander auszuführen.

3. Sauerstoff mittelst mangansauren Natrons.

Vor mehreren Jahren haben Tessié du Motay und Maréchal in Paris sich ein Verfahren patentiren lassen, welches darauf basirt, den Sauerstoff der Luft auf ein schmelzendes Gemenge von Braunstein (Mangansuperoxyd) und Natronhydrat zu übertragen, das sich unter Sauerstoffaufnahme in mangansaures Natron verwandelt. Leitet man über dieses mangansaure Natron Wasserdampf, so wird der Sauerstoff wieder frei und das Salz zerfällt wieder in Mangansuperoxyd (Braunstein) und Natronhydrat. Die Operation lässt sich beliebig wiederholen. Der Apparat zu diesem Zwecke hat grosse Aehnlichkeit mit demjenigen für Leuchtgasgewinnung.

In einem Flammofen befinden sich mehrere horizontal liegende Retorten, welche mit dem Gemische aus Mangansuperoxyd und Natronhydrat beschickt sind. Die Retorten sind unter sich mittelst Röhren verbunden, welche den Luftstrom über die Masse leiten und auch den Wasserdampf in die Retorte führen, wenn die Luft abgesperrt wird. Nachdem die Masse in Fluss gerathen, wird Luft mittelst eines Gebläses durch die Retorten getrieben; der Sauerstoff der Luft tritt an die Masse und der Stickstoff entweicht durch ein Rohr aus der letzten Retorte. Nachdem diese Operation beendet, wird Wasserdampf eingetrieben, welcher mit dem Sauerstoffe, den er frei macht, in ein Waschgefäss geleitet wird, wo der Wasserdampf sich verdichtet, während der Sauerstoff von dort in den Gasometer gelangt. Eine Locomobile besorgt den Betrieb des Gebläses und liefert auch den nöthigen Wasserdampf. Den Process, der hierbei Statt findet, veranschaulicht folgendes Schema.

$$(NaO + HO) + MnO^2 + \underset{\text{(Luft)}}{O} = NaO\,MnO^3 + HO =$$
$$(NaO\,HO) + (MnO^2) + O.$$

Eine Abbildung des Apparates, welcher in Paris aufgestellt war, findet sich in der Zeitschrift „Les merveilles de la Science“ 31. Serie, pag. 233 und in „L'Illustration“ vom 25. Jan. 1868.

Der Preis des mangansauren Natrons berechnet sich zu 30—40 Centimes pro Kilogramm. Nach Tessié's Angaben liefern 50 Kilogramm Masse 400 Liter Sauerstoff; es war dieses das Ergebniss, nachdem die Masse bereits 80 Operationen bestanden hatte. Die Temperatur, bei der der Process von Statten geht, wird auf 450° C. angegeben. Der Preis des so dargestellten Sauerstoffes berechnet sich auf 15—30 Centimes pro Cbkmeter.

4. Sauerstoff mittelst Kupferchlorürs.

Das Kupferchlorür, wie es zu diesem Verfahren angewendet wird, lässt sich auf folgende wohlfeile Weise darstellen. Eine beliebige Menge Kupferspähne, Abfälle von Kupferblech oder Kupferhammerschlag, werden mit Salzsäure bei Gegenwart von Luft behandelt. Kupferblech ziehe ich vor, weil der Hammerschlag oft viele Verunreinigungen enthält. Wendet man Letzteren an, so geht der Process rascher und es ist auch der Luftzutritt nicht nöthig.

$$Cu + HCl + (\text{Luft resp.})\, O = CuCl + HO.$$

Die Kupferspähne werden in hohe Töpfe geschüttet und mit so viel rauchender Salzsäure übergossen, dass dieselben gehörig davon benässt werden. Von Zeit zu Zeit wiederholt man das Uebergiessen mit Salzsäure und stellt die Töpfe an einen mässig warmen Ort, im Sommer an die Sonne. Nach 14 Tagen bis drei Wochen sind die Kupferspähne verschwunden und man hat eine schwere dunkelbraun-grüne Flüssigkeit, welche, in einer Porcellanschale verdampft, eine smaragdgrüne krystallinische Masse von Kupferchlorid hinterlässt.

1 Kilogramm Kupferspähne geben 3 Kilogramm obigen Kupferchlorids.

Wird das erhaltene Kupferchlorid stark erhitzt, so geht zuerst Wasser, hierauf bei stärkerer Hitze ein Theil Chlor fort und man erhält eine dunkelbraune Masse von Kupferchlorür, welches wasserfrei ist.

$$2\,(Cu\,Cl) = Cu^2\,Cl + Cl.$$

Wird das erhaltene Kupferchlorür an feuchte Luft gebracht oder mit Wasser angefeuchtet, so wird es durch

Wasseraufnahme anfangs weiss, nach zwei bis drei Stunden gesättigt grün. Das Kupferchlorür hat Sauerstoff aus der Luft entnommen und bildet damit ein Kupferoxychlorid.

$$Cu^2\,Cl + HO + (\text{Luft resp.})\;O = (Cu\,Cl + Cu\,O + HO).$$

Ob die erhaltene Verbindung genau obiger Formel entspricht, darüber sind noch Untersuchungen anzustellen. Es ist wahrscheinlich, dass noch basischere Verbindungen gebildet werden. Eine derartige Verbindung kam früher unter dem Namen Braunschweiger Grün als Malerfarbe in den Handel.

Wird das oben erhaltene Kupferoxychlorid nun wieder erhitzt, so gibt es zuerst Wasser ab und bei ca. 400° entweicht der aufgenommene Sauerstoff und Kupferchlorür bleibt wieder zurück. Diese Aufnahme und Abgabe von Sauerstoff kann unter den angegebenen Bedingungen beliebig wiederholt werden.

$$Cu\,Cl + Cu\,O + HO = Cu^2\,Cl + HO + O.$$

Lässt man den Sauerstoff durch eine Woulff'sche Flasche streichen, welche Wasser enthält, so beobachtet man, dass jede aus dem Wasser aufsteigende Blase einen dicken weissen Nebel bildet; bleibt das Gas einige Zeit mit Wasser in Berührung, so verschwinden diese Nebel.

Behandelt man obiges Kupferoxychlorid mit Salzsäure, so wird wieder Kupferchlorid gebildet, welches beim Erhitzen zuerst wieder Chlor (aus der Salzsäure) abgibt.

Professor M. Laurens in Rouen hat, gestützt auf diese Eigenschaft des Kupferchlorids, ein Verfahren angegeben zur Darstellung von Chlor, welches von Mallet in einem zu dem Zwecke construirten rotirenden Apparate in grösserem Maassstab ausgeführt wurde und unter gleichzeitiger Benutzung des Apparates und der Masse auch zur Sauerstoffdarstellung dient.

Verfasser hat das Mallet'sche Verfahren der Sauerstoffdarstellung versucht und ist in der Lage Näheres darüber berichten zu können. Der angewendete Apparat ist von Mallet selbst angegeben, in einer Cölner Maschinenfabrik angefertigt und steht gegenwärtig im Betriebe zur Darstellung von Sauerstoff.

Der Apparat besteht aus einem eisernen Ofen, welcher 95 Centimeter hoch, 95 Centimeter breit und 75 Centimeter tief ist. Eine gusseiserne Platte, welche zur Aufnahme der Retorten mit vier quadratischen Oeffnungen versehen ist, bedeckt denselben. Der Ofen ist im Innern mit Chamotte ausgefüttert. Die Feuerzüge sind seitlich einander gegenüberstehend und laufen zur Hälfte um den Ofen herum unter der Platte und vereinigen sich in einem gemeinschaftlichen Schornsteine. Die viereckigen gusseisernen Retorten haben 72 Centimeter Höhe, oben 18 Centimeter im Quadrat und verjüngen sich nach unten auf 15 Centimeter. In den Boden der Retorte ist ein gusseiserner Ring eingelassen, um die Retorten mit einem Haken fassen und umstürzen zu können, wenn man sie ihres Inhaltes entleeren will. Die Retorten sind mit übergreifendem Deckel versehen, dessen Ränder mit Thon beschmiert werden und können die Deckel mittelst eines Bügels und einer Schraube fest aufgedrückt werden. Seitwärts der Mitte im Deckel befindet sich eine Oeffnung, welche mit einem 10 Centimeter hohen Rohraufsatze umgeben ist. Die innere Weite des Rohraufsatzes ist derart, dass ein in dieselbe gestecktes Bleirohr so viel Spielraum lässt, dass dasselbe rings herum mit Thon fest eingekittet werden kann. Retorte und Deckel sind im Innern gut emaillirt. Mallet empfiehlt bei grössern Apparaten die Retorten mit Chamotte auszukleiden und die Fütterung mit einer Lösung von Wasserglas und Magnesia zu behandeln. Die Retorten kommen etwas schräge in den Feuerraum zu hängen. Die aus den Retorten führenden Bleirohre gehen in einem Bogen in einen Waschapparat, der Aehnlichkeit mit demjenigen hat, in welchem das Leuchtgas gewaschen wird.

In dem Waschapparate befindet sich Wasser, in welchem die gebogenen Rohre untertauchen und so gegen einander abgeschlossen werden. In diesem Apparate verdichtet sich zugleich das aus der Masse der Retorte als Wasserdampf übergehende Wasser und das überflüssige fliesst durch ein seitliches Rohr ab. Dasselbe wird nach der Operation wieder zum Anfeuchten der Masse verwendet. Der Verschluss des Waschapparates nach Aussen wird ebenfalls durch Wasser bewerkstelligt und muss dieses wegen Verdunstung von Zeit zu Zeit erneuert werden. Aus dem Waschapparat führt ein gemeinschaftliches Rohr den Sauerstoff in den Gasometer.

Der Waschapparat ruht auf zwei Säulen, welche auf der Platte des Ofens befestigt sind.

Die vom Verf. zur Beschickung der Retorten verwendete Masse besteht aus 50 Kilogramm Kupferchlorid, gemengt mit $33^1/_3\,^0/_0$ Kaolin, um das Zusammenbacken der Masse zu verhindern. Bei Anfangs gelindem, später verstärktem Feuer wird das Chlor abgetrieben und hierdurch die zu der späteren Sauerstoff-Absorption geeignete Masse hergestellt. Will man das Chlor verwenden, so lässt man es durch nasse Kupferspähne streichen, die es absorbiren und neues Kupferchlorid bilden. Nachdem das Chlor abgetrieben, werden die Retorten nach einiger Zeit mittelst eines Flaschenzuges aus dem Feuer gehoben und zur Entleerung des Inhalts mit einem Haken, den man in den im Boden befindlichen Ringe einklemmt, umgestürzt. Die erhaltene braune Masse befeuchtet man mit Wasser, sie wird dann nach zwei bis drei Stunden, unter Sauerstoffaufnahme aus der Luft, grün. Diese Masse gibt nun bei jedesmaliger Behandlung, wie oben erwähnt, Sauerstoff ab, so oft dieselbe erhitzt wird, und an der Luft nimmt sie in Gegenwart von Feuchtigkeit wieder Sauerstoff auf. Verf. zieht es vor, die Masse sich in den Retorten regeneriren zu lassen, wodurch jeder Verlust vermieden wird. Die 50 Kilogramm Kupferchlorid, welche ursprünglich zur Verwendung gelangt, geben, nachdem das Chlor ein für allemal entfernt und Sauerstoff aufgenommen ist, bei jedesmaligem Abtreiben 1,5 Cbkmeter Sauerstoff ab, vorausgesetzt dass die Operation richtig geleitet wird.

In unserm Laboratorium findet sich Masse, welche zu mehr als 200 Operationen gedient und nichts an Qualität eingebüsst hat. Wohl zu beachten bleibt, dass die Masse nie mit Eisen in Berührung kommt, weil das Kupferchlorid dadurch zersetzt würde. Die Beaufsichtigung des Apparates erfordert wenig Mühe; man hat einfach das Feuer zu überwachen.

Bei der Darstellung von Sauerstoff nach dieser Methode im Grossen, wozu Mallet horizontal rotirende Retorten construirt hat, ist ein Verlust ebenfalls nicht zu besorgen, da die Masse in der Retorte bleibt; Mallet nimmt die Wiederbelebung mit Wasserdampf in der Retorte vor, wo die Masse in Gegenwart von Luft bei etwa 200^0 den Sauerstoff derselben sofort aufnimmt.

III. Aus der dritten Abtheilung der Sauerstoffgewinnung, Scheidung der Luft in Sauerstoff und Stickstoff auf physikalische Weise, heben wir besonders zwei Verfahren hervor.

1. Dialyse der Luft.

Graham hat nachgewiesen, dass man durch Dialyse der Luft den Sauerstoffgehalt derselben von 21 auf 42 Procent erhöhen kann. Die Vorrichtung hierzu ist eine Art Luftkissen aus Seidenstoff, welches auf der Innenseite mit einer dünnen Membran von Kautschuk ausgekleidet und um das Ankleben zu verhindern, noch mit einer Flanellplatte ausgefüttert wird. Das Luftkissen steht mittelst eines gläsernen Ansatzrohres mit einer Luftpumpe (oder Aspirator) in Verbindung, die die Luft durchsaugt und dialysirte Luft aufnimmt. Graham fand, dass gleiche Volumina folgender Gase in der beistehenden Zeit durch die Membran dialysiren.

Sauerstoff . . .	5,3.	Atmosphärische Luft	11,8.
Stickstoff . . .	13,6.	Kohlensäure . . .	1,0.

Demnach geht der Sauerstoff viel schneller durch die Membran, als Stickstoff, und enthält die bei der Dialyse durchgehende Luft 42 Theile Sauerstoff auf 58 Theile Stickstoff. Graham erklärt die Erscheinung dahin, dass die Gase von der Oberfläche des Kautschuks angezogen werden, dadurch sich verflüssigen, als Flüssigkeit die Membran durchdringen und an der anderen Seite wieder gasförmig werden. Die bei diesem Verfahren erhaltene Luft ist aber noch zu stickstoffreich, um mit Vortheil an Stelle von reinem Sauerstoff verwendet zu werden.

2. Verfahren und Apparate zur Darstellung von Sauerstoff resp. Luft von hohem Sauerstoffgehalte durch physikalische und mechanische Mittel.

Dieses Verfahren, von Mallet herrührend, besteht darin, das Verhältniss von Sauerstoff, welches in der atmosphärischen Luft enthalten ist, bis zu einem gewünschten Grade je nach dem Gebrauchszwecke zu erhöhen. Hierbei stützt sich Mallet auf das bekannte Princip der verschiedenen Löslichkeit von Sauerstoff und Stickstoff im Wasser und anderen Flüssigkeiten. Es ist eine bekannte Sache, dass ein Volumen Wasser 25 Tausendstel Stickstoff gegen 46 Tausendstel Sauerstoff lösen kann. Wenn diese Gase gemischt sind, wie es in der Luft der Fall ist, so bleibt ihre resp. Löslichkeit dieselbe, aber sie muss multiplicirt werden mit dem Drucke von jedem der Gase des Gemisches.

Nimmt man z. B. 0,79 für Stickstoff
und 0,21 für Sauerstoff,
so hat man $0{,}025 \times 0{,}79 = 0{,}0197$ N 0,67
$0{,}046 \times 0{,}21 = 0{,}0097$ O 0,33

Die directe Analyse beweist, dass dies die Zusammensetzung der im Wasser gelösten Luft ist. Es bildet das einen der Beweisgründe, dass die Luft keine Verbindung, sondern ein einfaches Gemenge obiger Gase ist. Lässt man Wasser. welches Luft enthält, mit reinem Sauerstoffe in Berührung, so geht ein Austausch vor sich: ein Theil des Sauerstoffes wird gelöst und ein Theil Stickstoff tritt aus.

Gestützt auf diese Eigenschaften der beiden Gase, hat Mallet sich ein Verfahren und entsprechend construirte Apparate patentiren lassen.

Zum Verständniss dieses Verfahrens nehme man ein beliebiges Gefäss, welches geschlossen und mit Wasser gefüllt ist, und nenne dasselbe A. Das Gefäss enthalte ausser dem Wasser atmosphärische Luft unter mehr oder weniger Druck, die gezwungen ist sich wenigstens zum Theil in dem Wasser zu lösen. Die Operationen werden derart geleitet, dass aller in der eingeführten Luft enthaltene Sauerstoff sich lösen könne. Nachdem die Lösung vor sich gegangen, der nicht gelöste Stickstoff sich abgesondert hat und entfernt ist, lässt man die in dem Wasser gelöst gebliebenen Gase — welche also obige Zusammensetzung haben und deren Volumina je nach dem angewendeten Drucke mehr oder weniger bedeutend sind — entweichen. Dieses gasartige Gemisch oder die schon bereicherte Luft wird alsdann in das Wasser eines zweiten Behälters gebracht, noch weiter bereichert, dann in einem dritten, vierten Behälter u. s. w., bis der Zweck vollständig erreicht ist. Sollen nicht mehrere getrennte Gefässe angewandt werden, so kann man das Gasgemisch auch in einem Gasaufsammler auffangen, aus demselben wieder in das Gefäss *A* treiben, wo sich alsdann die nämliche Operation vollzieht u. s. w., so dass sich bei jeder Auflösung das Sauerstoff-Verhältniss erhöht, ebenso wie das Volumen-Verhältniss des Gemisches zum Wasservolumen. In nachstehender Tabelle ist das Verhältniss des Sauerstoffes nach jeder Operation angegeben. Man sieht, dass acht Lösungen ein Gemisch von 0,973 Sauerstoff geben; damit ist ungefähr die äusserste Grenze erreicht, was für die Praxis immerhin genügen dürfte.

Die erhaltenen Volumina sind mit dem Drucke, unter dem die Lösungen bewerkstelligt sind, zu multipliciren.

Atmosphärische Luft { Sauerstoff 0,21. Stickstoff 0,79.

Lösung.			Zusammensetzung der bereicherten Luft.
1.	Stickstoff	0,025 × 0,79 = 0,0197	0,67
	Sauerstoff	0,046 × 0,21 = 0,0097	0,33
		0,0294	
2.	Stickstoff	0,025 × 0,67 = 0,0168	0,525
	Sauerstoff	0,046 × 0,33 = 0,0152	0,475
		0,0320	
3.	Stickstoff	0,025 × 0,525 = 0,0131	0,375
	Sauerstoff	0,046 × 0,475 = 0,0218	0,625
		0,0349	
4.	Stickstoff	0,025 × 0,375 = 0,0094	0,250
	Sauerstoff	0,046 × 0,625 = 0,0287	0,750
		0,0381	
5.	Stickstoff	0,025 × 0,250 = 0,00625	0,150
	Sauerstoff	0,046 × 0,750 = 0,0345	0,850
		0,04075	
6.	Stickstoff	0,025 × 0,150 = 0,00375	0,090
	Sauerstoff	0,046 × 0,850 = 0,0391	0,910
		0,04285	
7.	Stickstoff	0,025 × 0,090 = 0,0022	0,050
	Sauerstoff	0,046 × 0,910 = 0,0419	0,950
		0,0441	
8.	Stickstoff	0,025 × 0,050 = 0,00125	0,027
	Sauerstoff	0,046 × 0,950 = 0,0437	0,973
		0,04495	

Vier Lösungen geben mithin Luft von 0,75 Sauerstoff. Es ist wahrscheinlich, dass für viele metallurgische und Beleuchtungs-Zwecke zwei Lösungen, welche 0,47 Sauerstoff geben, genügen. Nachstehende Tabelle gibt die auf einanderfolgenden Volumina an, welche man aus einem ersten Gefässe mit 1000 Liter Wasser erhält bei einem wirklichen Drucke von fünf Atmosphären unter der Voraussetzung, dass bei jeder Operation aller Sauerstoff gelöst sei. Es versteht sich von selbst. dass, wenn der Druck von fünf Atmosphären abweicht, das absolute Volumen der Tabelle verhältnissmässig grösser oder kleiner wird.

Nachstehend sind nur die Resultate von 6 Lösungen angegeben.

No. der Operation.	1	2	3	4	5	6
Volumen des Wassers . .	1000	700	524	438	390	360
Vol. des eingeführten Gases	231	147,5	102,2	77,3	46,7	57
Vol. des gelöst. Sauerstoffes	48,5	48,5	48,5	48,5	48,5	48,5
Vol. des gelöst. Stickstoffes	99	53,7	28,8	16,2	8,5	4,8
Vol. der gelösten Gase. .	147,5	102,2	77,3	64,7	57,0	53,3
Vol. des entwichenen Stickstoffes	83,5	45,3	24,9	12,6	7,7	3,7

Aus Vorstehendem ist ersichtlich, dass zur Bereicherung der Luft: Wasser, Luft und Triebkraft erforderlich ist. Das Wasser bleibt immer dasselbe, die Luft ist ohne Kosten zu beschaffen, mithin bleibt nur die Triebkraft in Rechnung zu ziehen. Wollte man sich einfach damit begnügen, die Luft nach einander in den mit Wasser gefüllten Behältern zu comprimiren, so würde ohne Zuhülfenahme von besonderen Vorrichtungen die anzuwendende Kraft sehr bedeutend sein müssen.

Es ist jedoch möglich die angewandte Kraft zum grossen Theil wieder auszunutzen, indem man die Elasticität der Gase, die sich nach dem Drucke expandiren, nutzbar macht. Zu bemerken ist, dass man keine Erhitzung des Wassers in Folge der Compression der Luft zu befürchten hat, da diese Erhitzung die Lösung der Gase vermindern würde. Die Expansion der Gase nach dem Drucke hat die entsprechende Temperaturerniedrigung zur Folge.

Beschreibung des Apparates zur Bereicherung der Luft.

Auf Tafel II der beigefügten Zeichnung ist die Anordnung eines Apparates mit drei Behältern angegeben, die also beim Ausgange aus dem letzten Behälter Luft von 0,625 Sauerstoffgehalt gibt; für eine grössere Anzahl Behälter würde die Anordnung dieselbe sein.

Der erste Behälter *A* hat einen Inhalt von 10 Cbkmeter, der zweite Behälter *B* hat einen Inhalt von 7 Cbkmeter, der dritte Behälter *C* hat einen Inhalt von 5 Cbkmeter.

Mit diesen Dimensionen und bei einem Drucke von 5 Atmosphären hat man am Ausgange des letzten Behälters 773 Liter Gas per Operation.

Es ist vortheilhaft den Behältern die grösstmögliche Höhe zu geben, damit die Lösung der Gase sich besser vollzieht; man hat dadurch zwar den Gegendruck der Wassersäule erhöht, aber die Lösung macht sich auch vollständiger. An Stelle der Röhren lässt sich auch ein System von niedrigen Behältern mit mechanischen Rührern verwenden. Die Pumpe *a* saugt die äussere Luft und drückt dieselbe durch das Rohr *K*, welches mit einem Ventile *p* zur Verhinderung des Zurückströmens des Wassers in die Pumpe versehen ist, in den untern Theil des Behälters *A*. Diese Luft streicht durch eine mit vielen engen Löchern durchbohrte Platte und wird somit in viele kleine Bläschen zertheilt. Im Nothfalle könnte man noch mehrere mit Löchern versehene Platten an verschiedenen Höhen anbringen, um von Neuem die Gase zu zertheilen (für den Fall, dass sich dieselben zu grösseren Luftblasen vereinigten). Wenn die Löcher 1 Mm. Durchmesser haben und man nimmt an, dass alle Bläschen in derselben Senkrechten bleiben, wenn ferner der Luft-Cylinder 1 Mm. Durchmesser hat (was der ungünstigste Fall wäre), so erhielte man eine Säule von diesem Durchmesser und 1300 Meter Höhe für 1 Liter Gas.

Mithin hätte ein Liter Gas eine Berührungsfläche mit dem Wasser von ca. 4 Quadratmeter. Der nicht gelöste und grösste Theil des Stickstoffes kann, anstatt denselben am oberen Ende des Behälters *A* anzusammeln, durch ein auf den gewünschten Druck belastetes Sicherheitsventil abgelassen werden. Es verdient jedoch den Vorzug, denselben auf den oberen Theil der Pumpe *a* wirken zu lassen. Die Gase gehen durch das Rohr *K* auf den Kolben der Pumpe, deren oberer Theil durch eine Stange oder Scheide in seinem Volumen reducirt ist. Der Raum unter dem Kolben ist auf 2310 Vol. für die einzuführenden Gase, der Raum über dem Kolben auf 835 Vol. für den wegzunehmenden ungelösten Stickstoff zu nehmen. Ein Schieber führt die Gase über den Kolben und entlässt sie, sobald sie gewirkt haben, in die Atmosphäre aus. Man könnte sie auch in einem Gasometer auffangen, falls man Gebrauch vom Stickstoff machen wollte. Ein anderer Schieber, durch dieselbe Stange und ein Excentrik bewegt, regulirt die Ansaugung und den Ausfluss der Gase unter dem Kolben. Die Pumpe wird vermittelst Zugstange und Kurbel durch eine gemeinschaftliche Achse, welche von einer Triebkraft bewegt wird, betrieben. Man kann auch unter den Druck der Atmosphäre gehen, d. h. in den Behältern eine partielle Leere hervorbringen, um die Gesammtmenge der im Wasser gelösten Gase zu erhalten. Die Disposition der Pumpe zeigt, dass man die für die nicht gelösten Gase verbrauchte Kraft möglichst ausnutzt. Beträgt der Druck 0—5 Atmosphären, so besteht die wirklich auszuübende Arbeit in der Compression der 1475 Liter Gas auf $2^1/_2$ Atmosphäre, vermehrt um den durch die Höhe des Wassers verursachten Widerstand. Der Behälter enthält also 1475 Liter gasartiges Gemisch mit 33 Procent Sauerstoff. Hebt man nun den Druck in diesem Behälter auf, so entweichen die in dem Wasser gelösten Gase und es bleibt nur die Gasmenge zurück, welche bei gewöhnlichem Drucke gelöst ist; der Rest lässt sich aber auch gewinnen, indem man eine partielle Leere herstellt. Die Gase kann man in einen Gasometer führen, aus welchem sie wieder entnommen werden, oder man leitet dieselben direct in den Behälter *B* bis das Gleichgewicht des Druckes in beiden Behältern hergestellt ist.

Vortheilhaft erscheint es eine zweite Pumpe *b* anzuwenden, welche wie die erste eingerichtet ist. Diese zweite Pumpe erhält die Gase aus dem Behälter *A* durch das Rohr *C* und einen Vertheilungsschieber und drückt dieselben in den Behälter *B*, während der obere Theil des Kolbens von kleinerem Volumen den nicht gelösten Stickstoff aufnimmt und denselben in die Atmosphäre ausgibt, nachdem er auf den oberen Theil des Pumpenkolbens *b* gewirkt hat. Die Lösung der Gase erfolgt in dem Behälter *B* wie in dem Behälter *A*. Die dritte Lösung in dem Behälter *C* hat dieselbe Anordnung wie in *A* und *B*.

Anstatt die Gase aus dem Behälter *C* direct in den Gasometer zu führen, kann man dieselben vorher durch einen Cylinder *d* mit Vertheilungsschieber, der die durch die Ausdehnung der Gase bewirkte Kraft aufnimmt und auf die gemeinschaftliche Achse überträgt, ablassen und ist diese Arbeitsleistung ebenfalls von dem Gesammt-Kraftaufwand in Abzug zu bringen. Aus der letzten Pumpe geht das Gas in den Gasbehälter oder in den Behälter für comprimirtes Gas. Pumpe *d* fungirt mithin als Arbeitsnehmer, wenn der Druck im Behälter *C* höher ist, als in dem Apparate für comprimirtes Gas; ist das Gegentheil der Fall, so wirkt dieselbe als Druckpumpe und hätte in diesem Falle die dem Drucke entsprechende Arbeit zu leisten. Da das Wasser durch die Lösung der Gase sein Volumen vergrössert, so ist es nöthig, an jedem Behälter ein kleines Ausdehnungsgefäss anzubringen.

Dieser kleine Apparat, welcher in der Zeichnung nicht aufgeführt, ist ein kleines Gefäss, welches Luft enthält, die sich je nach dem Drucke der Flüssigkeit comprimirt, oder es ist ein Cylinder mit Kolben, welch' letzterer, in der Art wie die Accumulatoren der hydraulischen Pressen, mit Gewichten oder Federn belastet wird. Ausserdem wird an die Ausflussrohre der Behälter eine Vorrichtung angebracht, welche das durch die Gase mit fortgerissene Wasser aufnimmt, damit dieses nicht in die Pumpe gelangt. Der bei der Compression anzuwendende Druck ist theoretisch durch nichts begrenzt. Da es jedoch praktische Schwierigkeiten gibt, Gase bedeutend zu comprimiren, so sei nebenbei bemerkt, dass sich ein Druck von 5 bis 10 Atmosphären am günstigsten stellt. Theoretisch wird bei diesem Verfahren wenig Kraft verbraucht, weil man die geleistete Arbeit möglichst ausnutzt. Selbstredend kommen passiver Widerstand, Verluste in den Röhren, Widerstand des Wassers u. s. w. in Betracht.

Der beschriebene Apparat mit den angegebenen Dimensionen kann in fünf Minuten eine complete Operation ausführen, mithin 12 Operationen pro Stunde, oder ein Volumen von 647 $\times$ 12 = 7760 Liter Gasgemisch von 0,75 Sauerstoff pro Stunde herstellen oder 84 Cbkm. in 12 Stunden oder 168 Cbkm. in 24 Stunden.

Betriebs- und Unterhaltungskosten eines solchen Apparates sind gering. Wenn man über eine Betriebskraft gratis zu verfügen hat, z. B. Wasserkraft, oder Kraft durch verlorne Hitze bei metallurgischen Processen, so beschränken sich die Unkosten lediglich auf Unterhaltung und Beaufsichtigung des Apparates.

Die Beaufsichtigung ist unerheblich, da der Apparat automatisch arbeitet. Der Unterhalt des Apparates kostet ebenfalls wenig, da derselbe weder chemischen Reactionen, noch hohen Hitzegraden ausgesetzt wird.

Pumpen und Behälter haben eine grosse Dauerhaftigkeit. Die letzteren, aus Eisen construirt, sind im Innern mit einem Ueberzuge (Asphalt) zum Schutze gegen die Wirkung des nassen Sauerstoffes versehen. Man kann auch anstatt 4 Pumpen für 4 Behälter nur 2 Pumpen anwenden und zwei Behälter gegen zwei wirken lassen. In diesem Falle wären die Pumpen mit Röhren zu versehen, deren Vierweg-Hähne oder Schieber dieselben abwechselnd und passend in Verbindung bringen, dafern man nicht jeder Pumpe zwei Paar Schieber geben will, von denen jedes Paar den Functionen je zweier Pumpen entspräche.

Die Pumpen lassen sich in jede beliebige Lage, horizontal oder vertical, bringen. An Stelle von Pumpen mit Scheidern kann man auch Pumpen von verschiedenem Durchmesser anwenden.

Wenn das Oeffnen der Hähne und die Inbetriebsetzung selbstwirkend geschehen soll, so sind dazu eine Menge Detaildispositionen zu geben. Doch dürfte unsere Beschreibung zur Erläuterung des Verfahrens genügen.

Die auf vorbeschriebene Weise an Sauerstoff bereicherte Luft kann zu allen geeigneten Zwecken Anwendung finden, z. B. zur Beleuchtung, Heizung, metallurgischen Processen, chemischen Processen, Gesundheitszwecken*) u. s. w., und überdies lässt sich die stickstoffreiche Luft verwenden, z. B. zur Conservirung von Fleisch u. s. w.

Wendet man bei dem vorhin beschriebenen Apparate

*) Die Wirkungen des Sauerstoffes auf den thierischen Organismus sind von Dr. med. C. Lender in einer Broschüre geschildert. (Berlin bei Oswald Seehagen 1870.)

an Stelle des Wassers Alcohol als Lösungsmittel an, so erhält man viel günstigere Resultate. Nach Bunsen beträgt der Absorptionscoëfficient für Alcohol 0,28 für Sauerstoff, gegen 0,12 für Stickstoff. Es ergibt sich bei diesen Verhältnissen schon bei der dritten Lösung die Zusammensetzung des Gasgemisches von 0,76 Sauerstoff und 0,24 Stickstoff.

De Laire und Montmagnon haben als Absorptionsmittel Blut und Lösungen von kohlensaurem oder phosphorsaurem Natron vorgeschlagen, welche nach ihren Angaben 12 Procent Sauerstoff gegen 2 Procent Stickstoff aufnehmen. Sollten sich diese Angaben bestätigen, so würde der Mallet'sche Apparat dadurch wesentlich vereinfacht werden, da man alsdann bei diesen Lösungsmitteln schon bei der zweiten Operation ein Luftgemisch von 90 Procent Sauerstoff erhielte.

Ferner schlagen Obige die Kohle als Absorptionsmittel vor, welche das 985-fache ihres Volumens an Sauerstoff und nur das 705-fache an Sticktoff absorbire; die Bestätigung dieser Angabe bleibt jedoch abzuwarten. Am allerwenigsten werden sich organische Substanzen, wie Blut, dazu eignen. Beim Alcohol tritt die Frage auf, ob dessen Verwendung nicht zu kostspielig sein wird, da die Dämpfe schwerlich ohne Verlust condensirt werden können. Es bleibt immerhin eine lohnende Aufgabe, Lösungsmittel zu finden, welche vielleicht schon bei einer Operation eine zu technischen und chemischen Processen geeignete sauerstoffreiche Luft liefern; es steht daher dieser Art der Sauerstoffgewinnung auf physikalisch-mechanischem Wege um so mehr noch eine Zukunft bevor, als zu vielen Zwecken schon eine Luft von 50 Procent Sauerstoffgehalt genügt.

B. Verwendung des Sauerstoffes zur Beleuchtung.

1. Eigenschaften der Flammen.

Die Verwendung des Sauerstoffes zur Beleuchtung wurde von Tessié du Motay und Maréchal im Jahre 1866 in

Paris in grösserem Maassstabe eingeführt. Was der Benutzung desselben bisher hinderlich im Wege stand, war der hohe Preis der Darstellung und der Mangel gut construirter Beleuchtungsapparate. Die Kosten der Sauerstoffdarstellung sind nach den neueren, bereits beschriebenen Verfahren bedeutend geringer geworden, so dass der Preis eine ausgedehnte Verwendung desselben zulässt, namentlich zu Zwecken intensiver Beleuchtung und zur Erzielung von prachtvollen Lichteffecten, bei welchen die Sauerstoff-Beleuchtungen unsere bisherigen Erleuchtungsmittel ganz bedeutend übertreffen. Es ist nicht zu läugnen, dass schon in Folge der ersten Anfänge der Sauerstoffbeleuchtung sich das Bedürfniss nach grösserer Helligkeit vielfach geltend gemacht hat.

Bevor wir auf die Beschreibung der einzelnen Methoden eingehen, erscheint es zweckmässig, einige Bemerkungen allgemeiner Art über Beleuchtungswesen vorausgehen zu lassen.

Die Flammen des Leuchtgases, der Kerzen, der Oele etc. werden alle auf Kosten des Luftsauerstoffes unterhalten. Die grosse Menge Stickstoff, welche der Luft beigemischt ist, verhindert eine lebhafte Verbrennung, da der Stickstoff zu seiner Erwärmung der Flamme viel Wärme entzieht. Bringt man dagegen diese Flammen in sauerstoffreichere Luft, so tritt bis zu einem gewissen Grade eine lebhaftere Verbrennung, verbunden mit höherem Lichtglanze, ein. Hierauf gestützt, hatte schon Gurney eine Lampe construirt, in welcher gewöhnliches Oel verbrannt und die Flamme mit Sauerstoff gespeist wurde.

Der Sauerstoff bildet bei der Verbrennung den zündenden Stoff *(comburirend)*, der andere Körper, welcher die Stoffe zur Verbrennung hergibt, ist der brennbare *(combustible)*. Verbrennt man Kohle, Zink, Phosphor, Schwefel, Magnesium, in Sauerstoff, so strahlen diese Körper einen Lichtglanz aus, den unser Auge kaum zu ertragen vermag. Die wenigsten dieser Körper können jedoch zu einer Beleuchtung verwendet werden, weil die entstehenden Verbrennungsproducte fest sind und die Flamme am Weiterbrennen hindern. Die Kohle macht hiervon eine Ausnahme; ihre Verbrennungsproducte sind gasförmig und bestehen zum grossen Theil aus Kohlensäure, welche als ein unsichtbares Gas entweicht. Die Kohle als solche wäre auch nicht zur Beleuchtung geeignet, da dieselbe bei dem raschen Verbrennungsprocesse bald erneuert werden müsste. Aber es gibt eine grosse Anzahl organischer Verbindungen, deren Hauptbestandtheil der Kohlenstoff ist und welche zur Beleuchtung verwendbar sind. Unsere gewöhnlichen Leuchtstoffe, z. B. Wachs, Steinkohle, Mineralöle, Talg, Paraffin etc. sind Verbindungen von Kohlenstoff mit Wasserstoff, einige derselben enthalten ausserdem noch geringe Mengen Sauerstoff. Dieselben besitzen die Eigenschaft, sich bei gewissen höheren Temperaturen zu vergasen, und die Verbrennung dieser Gase gibt alsdann eine schöne leuchtende Flamme. In diesen Gasen (Kohlenwasserstoffen) verhält sich der Kohlenstoff zum Wasserstoffe, wie 6 : 1, ein Verhältniss, welches zur Verbrennung in gewöhnlicher Luft am günstigsten ist. Die Endproducte der Verbrennung sind hierbei theils Kohlensäure aus der Verbindung des Kohlenstoffes und des Luftsauerstoffes, theils Wasser aus der Verbindung des Wasserstoffes und des Luftsauerstoffes, beides gasförmige Producte. Ist der Kohlenstoffgehalt in den Leuchtmaterialien geringer, als obiges Verhältniss besagt, so haben die Flammen derselben eine geringere Leuchtkraft, wie dieses z. B. beim Alcohol der Fall ist. Bei höherem Kohlenstoffgehalte brennen dieselben nicht mehr unter den gewöhnlichen Bedingungen, ohne den überschüssigen Kohlenstoff abzuscheiden; daher russen solche Flammen. Um dieses zu vermeiden, muss alsdann die Zufuhr von Sauerstoff vermehrt werden. Man erreicht letzteres durch Zuggläser, welche die Flamme umgeben; oder durch Einführen eines starken Luftstromes.

Reichen auch diese Mittel nicht aus, so muss man Luft von höherem Sauerstoffgehalte zu Hülfe nehmen.

Der in diesen Flammen das Licht ausstrahlende Körper ist der Kohlenstoff, welcher, durch verschiedene complicirte Zersetzungsprocesse aus den Kohlenwasserstoffen im Innern der Flamme abgeschieden, dort weissglühend wird und die Flamme um so leuchtender macht, je höher die Temperatur ist, in welcher diese Kohlenpartikelchen erhitzt werden. Die Temperatur aber ist bedingt durch die Menge von Sauerstoff, welche zugeführt wird. Ausser dem Kohlenstoffe gibt es aber auch noch leuchtende Gase, welche in der Flamme Licht ausstrahlen; so wird Kohlenoxydgas, welches sich ebenfalls in der Flamme bildet, leuchtend, wenn es erhitzt wird. Auf den ersten Blick erscheinen die Vorgänge im Innern der Flamme sehr einfach zu sein; in der Wirklichkeit aber sind dieselben doch sehr complicirt, weil die Gase dort nach verschiedenen Richtungen hin diffundiren. Frankland hat in neuerer Zeit nachgewiesen, dass bei der Verbrennung von organischen wie unorganischen Körpern auch die Dichtigkeit der dabei auftretenden Gase von grossem Einflusse auf die Leuchtkraft der Flamme ist: so wird z. B. die nicht leuchtende Wasserstoffflamme leuchtend, wenn dieselbe unter Druck verbrannt wird. Als Stütze für diese Beobachtung könnte noch geltend gemacht werden, dass sich die Flammen bedeutend in ihrem Volumen verringern, wenn man Sauerstoff zutreten lässt.

Ist die Sauerstoffzufuhr zur Flamme eine so grosse, dass die Kohlenstofftheilchen sofort zur Verbrennung gelangen, oder werden die Gase vorher mit Sauertoff oder Luft gemischt, wie es z. B. beim Bunsen schen Brenner der Fall ist, so wird die Leuchtkraft verringert. Mischt man Leuchtgas mit 10 Procent Sauerstoff, so wird die Lichtstärke der Flamme um das vierfache erhöht; vermehrt man die Sauerstoffmenge um einige Procente mehr, so verschwindet die Leuchtkraft; bei höherem Procentsatze tritt dann noch die Gefahr der Explosion des Gemisches beim Anzünden hinzu. Die Temperatur solcher nicht mehr leuchtender Flammen ist eine sehr hohe. Dieselben werden wieder zum Leuchten gebracht, wenn man feste Körper, z. B. Kohlenstaub, Kreide, Platin in dieselben einführt, und werden diese Körper dadurch in das lebhafteste Glühen versetzt. Die höchste Temperatur derartiger Flammen wird erzeugt, wenn man die nichtleuchtende Wasserstoffflamme mit Sauerstoff oder Luft verbrennt. Nach Frankland betragen die Temperaturen solcher Flammen aus Wasserstoff und Luft 3776° Fahr., aus Wasserstoff und Sauerstoff 7364° Fahr.

Auf diese Eigenschaften der Flamme gründen sich verschiedene Beleuchtungsmethoden, von denen hier nur diejenigen näher berücksichtigt werden sollen, bei welchen ausschliesslich reiner Sauerstoff oder sauerstoffreiche Luft verwendet und damit der höchste Lichteffect erzielt wird.

2. Drummond'sches Licht — Kalklicht, Siderallicht, Hydroxygen-Licht.

Eine combinirte Flamme von 2 Vol. Wasserstoff und 1 Vol. Sauerstoff (Knallgas) gibt eine so hohe Temperatur, dass Platin, Thonerde, Kieselerde mit Leichtigkeit darin schmelzen. Nicht schmelzbare Körper dagegen werden, in diese Flamme gebracht, so stark glühend, dass sie ein brillantes Licht ausstrahlen. Zu diesen Körpern gehören insbesondere Kalk, Magnesia, Zirkonerde. M. Drummond, ein englischer Marineofficier, benutzte zuerst im Jahre 1828 dieses Licht zur Signalbeleuchtung, und erzeugte dasselbe, indem er die Knallgasflamme auf ein Stückchen Kreide wirken liess. Später ging man dazu über, die Kreide durch gebrannten Kalk, Magnesia oder Zirkonerde zu ersetzen. Bei dem Kalke ist die Lichtfarbe etwas gelblich, bei Magnesia etwas bläulich, bei der Zirkonerde weiss.

Die gleichzeitige Anwendung von Wasserstoffgas und Sauerstoff erheischt grosse Vorsicht, damit sich die Gase nicht mischen, weil selbst kleine Mengen dieses Gasgemisches (Knallgas) grosse Explosionen im Gefolge haben. Eine gleiche Vorsicht hat man übrigens auch bei der Anwendung von Leuchtgas und Sauerstoff zu beobachten. Um solchen Gefahren vorzubeugen, hat Maughan einen sogenannten „Knallgashahn" construirt, der bei dem Drummond'schen Lichte vielfach benutzt wird und so eingerichtet ist, dass die Gase, welche aus getrennten Behältern entnommen werden, erst dort sich mischen können, wo sie entzündet werden sollen. Die Spitze des Maughan'schen Hahnes besteht aus zwei isolirten über einander geschobenen Röhrchen, deren weiteres das Wasserstoffgas zuführt, während das innere engere den Sauerstoff in die Wasserstoffflamme leitet; jedes für sich ist mit einem besonderen Hahne versehen. Entnimmt man die Gase Gummisäcken, welche mit starkem Drucke belastet sind, so muss man, um jeder Gefahr beim Anzünden überhoben zu sein, beim Oeffnen der Hähne zusehen, dass die Gase beide gleichzeitig ausströmen und nicht durch zufällige Verstopfung der äusseren Oeffnung das Gas des einen Sackes in den andern übergedrückt werde. Auch empfiehlt es sich, wenigstens das Wasserstoff- oder das Leuchtgas vorher auf ihre Reinheit zu prüfen, was dadurch geschieht, dass man dasselbe in einer Schale durch Seifenwasser streichen lässt und die sich bildenden Blasen nach Entfernung des Zuleitungsschlauches anzündet. Verbrennt das Gas dieser Blasen ruhig und ohne Knall, so kann man gefahrlos mit demselben operiren.

Nebenstehende Figur ist eine Projectionslampe mit Drummond'schem Beleuchtungsapparate.

An Stelle des Wasserstoffgases kann man auch die

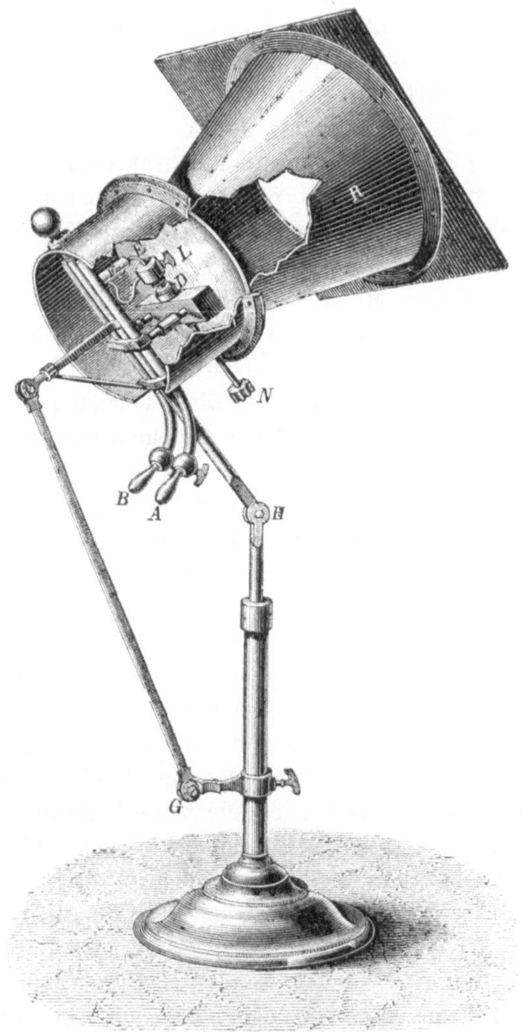

A E Zuleitung für Sauerstoff.
B E Zuleitung für Wasserstoff.
D E Maughan'scher Hahn.
F Kalkstift.

N Stellschraube des Hahues.
L Sammellinse.
R Reflector.
G H Charniere.

Flamme von Spiritus oder Aether nehmen, deren Substituirung aber sehr unbequem ist. Am bequemsten ersetzt man das Wasserstoffgas durch das leicht zu beschaffende Leuchtgas. Führt man nun in eine solche Knallgasflamme ein Stückchen Kreide ein, so fängt dasselbe an der Berührungsstelle an zu glühen und leuchtet nach kurzer Zeit so intensiv, dass das Licht für das Auge fast unerträglich ist. Das Kreidestückchen muss von Zeit zu Zeit gewendet werden, da in Folge der grossen Hitze und der Anwesenheit einer geringen Menge von Kieselsäure und des sich bildenden Wassers eine kleine Vertiefung entsteht, welche zuletzt sich bis in's Innere verläuft und so den Leuchtpunct umschliesst. Man vermittelt diese Drehungen zuweilen durch ein Uhrwerk. Ein solcher Beleuchtungsapparat erfordert demnach eine beständige Beaufsichtigung.

Das Drummond'sche Licht findet vielfach Anwendung zu optischen und physikalischen Zwecken, in einigen Fällen dient dasselbe auch als Signallicht zu Leuchtthürmen.

3. Sauerstoffbeleuchtung nach Tessié du Motay.

Die Beleuchtungsmethode von Tessié du Motay ist im Wesentlichen nur eine Vervollkommnung der Drummond'schen. An Stelle des Wasserstoffgases wird Leuchtgas genommen und die Kalkstifte werden durch Magnesia- oder Zirkonstifte ersetzt. Der Lichteffect wird hierdurch zwar etwas geringer, aber er bleibt immerhin noch sehr bedeutend. Bei der praktischen Anwendung dieser Beleuchtung hat Tessié du Motay die Beleuchtungsapparate vielfach vereinfacht und verbessert, und besonders darauf Rücksicht genommen, einen ringsum leuchtenden Lichtheerd zu schaffen und den Gefahren einer Explosion möglichst vorzubeugen. Bei den hierzu construirten Brennern liegen die Ausflussröhrchen der beiden Gase getrennt neben einander; siehe umstehende Abbildung des senkrechten Durchschnitts des Brenners.

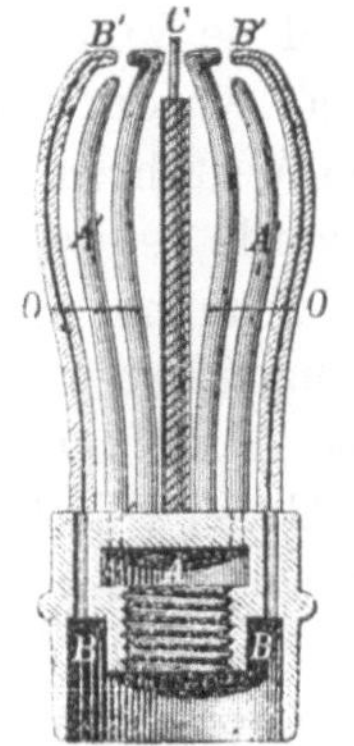

A Röhrchen für Sauerstoff.
B O Röhrchen für Leuchtgas.
C Anheftungspunkt für den Zirkonstift.
A Zuleitung für Sauerstoff.
B Zuleitung für Leuchtgas.

Die Anordnung des Brenners ist so getroffen, dass in je zwei Leuchtgasflämmchen sich ein Sauerstoffstrom ergiesst und so beide eine gemeinschaftliche Flamme bilden. Mehrere solcher Flammen stehen kreisförmig zusammen. In die Mitte derselben wird der Zirkonstift befestigt, welcher auf diese Weise ringsum an verschiedenen Stellen Licht aussendet.

Untenstehend ist eine complete Lampe abgebildet. Auch hierbei tritt derselbe Uebelstand ein wie beim Drummond-schen Lichte: die Zirkonstifte nutzen bald ab oder springen.

In Paris wurde diese Beleuchtung

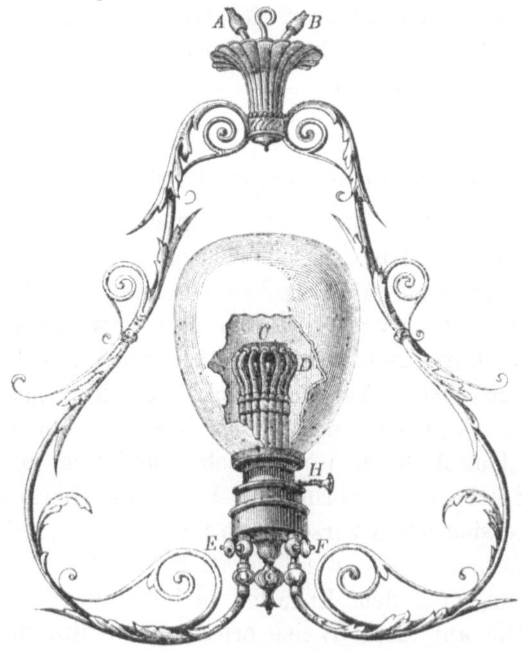

A E Zuleitung für Sauerstoff. B F Zuleitung für Leuchtgas. D Brenner. C Zirkonstift. H Stellschraube.

längere Zeit auf dem Platze vor dem Hôtel de Ville und im Tuilerienhofe versucht. Der Sauerstoff wurde nach dem bereits früher (Seite 17) beschriebenen Verfahren aus mangansaurem Natron dargestellt. Er wurde entweder direct von der Fabricationsstätte aus der Flamme zugeführt, wie am Hôtel de Ville, oder im comprimirten Zustande zu den Laternen geschafft. Das dazu nöthige Leuchtgas wurde den Röhren der Pariser Gasgesellschaft entnommen. Trotz der grossartigen und verlockenden Berichte über diese Beleuchtung hat dieselbe indessen doch keinen Anklang gefunden; das Unternehmen scheiterte an der Unbeständigkeit der Flamme und an dem Kostenpuncte, was sich leicht begreift, wenn man bedenkt, dass zu einer derartigen Beleuchtung zwei Fabricationsstätten und zwei getrennte Röhrennetze erforderlich sind, abgesehen von der Benutzung zweier Gase, welche, durch irgend einen Zufall gemischt, beim Entzünden die heftigsten Explosionen verursachen.

Darstellung von Kalk-, Magnesia- oder Zirkonstiften.

a. Kalkstifte. Am besten eignet sich zu denselben der carrarische Marmor, welcher frei von dunklen Adern ist. Derselbe wird in Stückchen von ungefähr 10 bis 15 Quadratcentimeter, wie er in den Marmorwerkstätten abfällt, in einen gut ziehenden Windofen gelegt, welcher mit Coaks geheizt ist. Auf die Stücke schichtet man ebenfalls eine Lage Coaks und glüht dieselben ein bis zwei Stunden. Das Anwärmen muss sehr vorsichtig geschehen, weil die Stücke sonst springen. Lässt eine herausgenommene Probe sich leicht zerschlagen und zeigt dieselbe einen körnigen Bruch, so ist die Operation beendet; die Stücke werden dann nach dem Erkalten in beliebig grosse Theile gesägt. Die auf diese Weise erhaltenen Stifte sind sehr dauerhaft und geben ein schönes Licht.

b. Magnesiastifte. Frisch gebrannte Magnesia, möglichst frei von Kieselsäure, wird mit Wasser zu einem dicken Breie verrührt und so rasch wie möglich in eine gerollte (nicht gelöthete) Blechform gestampft. Die Form ist die eines Cylinders von der Dicke eines kleinen Fingers. Nachdem man die Form gefüllt hat, wird dieselbe senkrecht auf eine harte Unterlage einige Zeit tüchtig aufgestossen. Hierdurch wird der Teig dünnflüssiger und entlässt die etwa eingeschlossenen Luftblasen. Nach wenigen Minuten fängt die Masse an sich zu erhitzen, was man noch durch künstliche Wärme unterstützt, indem man die Stifte in einen Backofen legt. Nach Verlauf einer Stunde sind die Stifte erhärtet und zeigen ein porzellanartiges Aussehen. Im Gebrauche sind dieselben nicht so haltbar wie vorige.

c. Zirkonstifte. Gebrannte Zirkonerde wird mit Borsäurehaltigem Wasser angeknetet und bei der Rothgluth in eisernen Formen gebrannt.

Verfasser kann die Stifte aus Kalk, nach dem angegebenen Verfahren dargestellt, als sehr dauerhaft und stark Licht ausgebend, empfehlen.

4. Carbürirtes Wasserstoff- oder Leuchtgas mit Sauerstoff.

Die Mängel der vorigen Methode, welche einer praktischen Anwendung derselben im Grossen entgegenstanden, veranlassten Tessié du Motay, seine Zuflucht zum Kohlenstoffe zu nehmen und diesen in einer Knallgasflamme zu verbrennen. Diese zuerst von Archerau angeregte Methode wurde von Tessié du Motay mit bedeutenden financiellen Mitteln in Ausführung gebracht. Anfänglich wurde Wasserstoffgas benutzt, welches nach einem von Tessié herrührenden Verfahren dargestellt wurde; später ging derselbe wieder zum Leuchtgase über. Den Kohlenstoff geben sehr flüchtige und flüssige Kohlenwasserstoffe her, mit denen das Leuchtgas geschwängert wird. Zu diesen leicht flüchtigen, flüssigen Kohlenwasserstoffen gehören die zuerst übergehenden Destillationsproducte des Theers, der rohen Mineralöle, bituminöser Substanzen u. dgl. Dieselben kommen im Handel unter dem Namen Benzine, Ligroine, Petroläther, Naphta etc. vor und sind höchst flüchtige, leicht entzündliche Flüssigkeiten von hohem Kohlenstoffgehalte. Lässt man Leuchtgas sich mit den Dämpfen solcher Flüssigkeiten sättigen, so nimmt dasselbe so viel auf, dass es nicht mehr ohne Abscheidung von Russ brennt. Man nennt ein solches Gas „carbürirt“ oder „carbonisirt“. Wasserstoffgas nimmt verhältnissmässig von diesen flüchtigen Substanzen mehr auf als Leuchtgas. Das spec. Gewicht von carbürirtem Wasserstoffgas beträgt 0,6, von Leuchtgas 0,4.

Zur Herstellung des carbürirten Gases bedient man sich eines geschlossenen Behälters, „Carburateur“ genannt, welcher in einiger Entfernung von dem Brenner steht und zur Hälfte mit den flüssigen Kohlenwasserstoffen gefüllt ist. Zur raschen Verdunstung hängen Tuchlappen in der Flüssigkeit, welche dieselbe aufsaugen und so eine grosse Verdunstungsfläche abgeben. Das Leuchtgas streicht durch diesen Carburateur und reisst so die darin sich bildenden Dämpfe mit sich fort. Der zur Beleuchtung benutzte Brenner ist nebenstehend abgebildet. Durch das Röhrchen *b* tritt das carbürirte Gas durch eine Reihe ringsum gebohrter Löcher bei *c* wie beim Argandbrenner aus und bildet, entzündet, eine hohe kegelförmige Flamme. In die Mitte dieser Flamme tritt durch das Rohr *a* der Sauerstoff, der nur aus einer einzigen Oeffnung entströmt. Die Hähne *a' a'* sind Regulirhähne ohne Griff, welche je nach dem Drucke, unter welchem die Gase dem Brenner zuströmen, ein für alle Mal regulirt und dann festgestellt werden. Die beiden anderen Hähne *D* sind mit Griff versehen und durch eine gemeinschaftliche Achse verbunden: hierdurch wird es ermöglicht, beide Gase zugleich dem

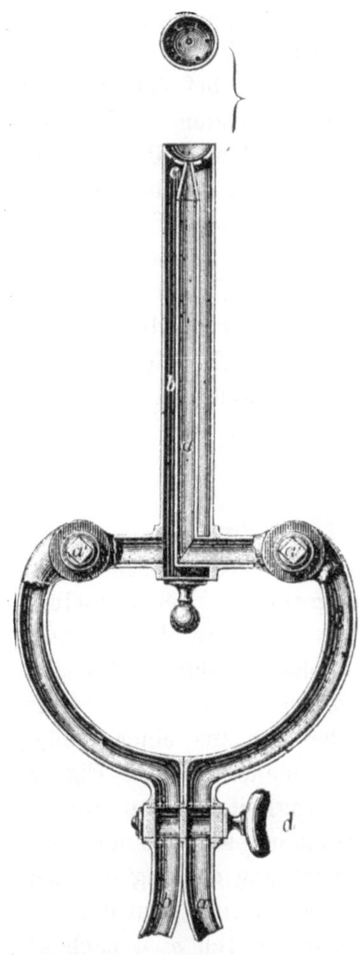

a Zuleitung für Sauerstoff.
b Zuleitung für carbürirtes Leuchtgas.
a' a' Regulirhähne.
c Brenneröffnung.
d Hähne.

Brenner zuzuführen und deren Abschluss gleichzeitig zu vollziehen.

Die auf diese Weise erzeugte Flamme, welche durch das Einströmen von Sauerstoff in ihrem Volumen bedeutend vermindert ist, strahlt ein brillantes weisses Licht aus. Die Lichtstärke einer solchen Flamme richtet sich natürlich nach der Grösse der Brenner und dem richtigen Verhältnisse der beiden Gase zu einander. Zu viel Sauerstoff vermindert die Leuchtkraft der Flamme eben sowohl, wie zu viel carbürirtes Leuchtgas; deshalb sind auch zu deren Zuflussregulirung die beiden Hähne *a' a'* unbedingt nöthig.

Bei schweren Leuchtgasen, wie es z. B. aus der Bogheadkohle dargestellt wird, ist die Carbürirung nicht nöthig, die Flamme wird schon an und für sich durch Sauerstoffzufuhr sehr intensiv. Bei carbürirtem Leuchtgase beträgt die Lichtstärke bei annäherndem Consum von 3,2 engl. Cfs. Leuchtgas und 2,5 Cfs. reinem Sauerstoff pro Stunde bei 35 Mm. Druck 40 bis 50 Wallrathkerzen (4 auf's Pfund). Das Licht ist so rein und weiss, dass die Farben dabei in ihrer schönsten Reinheit erscheinen. Lichtschirme und dergleichen Schutzvorrichtungen sind nur dort erforderlich, wo man in unmittelbarer Nähe bei der Flamme Arbeiten verrichtet, da dieselbe sonst blenden würde. Die Einführung dieser Beleuchtung, zu welcher in Paris schon bedeutende Vorkehrungen getroffen sind, bleibt der Zukunft vorbehalten. Immerhin ist das ganze System mit grossen Uebelständen behaftet, da weder die Gefahr einer Explosion, noch zwei Fabricationsstätten und getrennte Röhrennetze oder Comprimirvorrichtungen hierbei zu umgehen sind. Ausserdem hat man es noch mit einer an und für sich leicht entzündlichen Flüssigkeit zu thun, deren Mitbenutzung manche Unbequemlichkeiten hat.

5. Carboxygen-Beleuchtung.

Die Carboxygen-Beleuchtung wurde vom Verfasser im Jahre 1868 zuerst in's Leben gerufen. Bei derselben fällt Leucht- oder Wasserstoffgas weg; an deren Stelle wird eine Flüssigkeit von sehr hohem Kohlenstoffgehalte unter Hinzuziehung von Sauerstoff verbrannt. Der hierzu construirte Beleuchtungsapparat besteht aus einer Lampe mit constantem Flüssigkeitsniveau; siehe Tafel I. Fig. 2. *A* ist der Dochtbehälter, *B* der Flüssigkeitsbehälter, welche wie bei jeder gewöhnlichen Schiebelampe mit einander verbunden sind. Bei *a* tritt in der Richtung des angegebenen Pfeiles der zugeleitete Sauerstoff ein, durchströmt den dabei befindlichen Hahn und geht weiter durch *a' a* nach *a'*. Der Brenner *a'* ist von der Form einer Linse und ringsherum mit zahlreichen Löchern versehen, aus welchen der Sauerstoff in die am Dochte erzeugte kegelförmige Flamme strömt. Die Schraube bei *a''* dient zum Auf- und Abschieben des Brenners. Durch das Einströmen des Sauerstoffes wird die Flamme tellerförmig erbreitert und es eignet sich diese horizontale Flamme deshalb vorzüglich für eine Beleuchtung aus der Höhe. Die Entfernung des Brenners von dem Dochtrande beträgt 10 bis 12 Millimeter. Die Isolation der Wärme ist bei dieser Lampe eine vollständige, da dieselbe durch den starken Luftzug im Innern des Dochtbehälters bewerkstelligt wird. Die Verbrennung ist eine höchst vollkommene, da nicht die geringste Spur von Russ wahrnehmbar ist. Zum Schutze gegen äusseren Luftzug, den eine solche Flamme nicht ertragen kann, dient eine weite Glasglocke. Der Docht der Lampe, von sehr starkem Gewebe, bedarf fast gar keiner Wartung, da derselbe sich von selbst reinigt und oft vierzehn Tage unverändert seine Stellung beibehält. Beim Anzünden der Lampe hat man zu beachten, dass man zuerst den Sauerstoffhahn öffnet und dann anzündet; beim Ausblasen schliesst man dagegen den Sauerstoffhahn zuletzt. Durch diese Vorsichtsmaassregel vermeidet man jede Abscheidung von Russ. Die Lampen nebst Zubehör werden von der Firma Georg Berghausen senior in Cöln angefertigt.

Die die Lampe speisende Flüssigkeit, Carboline, besteht aus der Zusammensetzung fester und flüssiger Kohlenwasserstoffe, unter denen das Naphtalin ($C_{20} H_8$), welches 93,90 Procent Kohlenstoff und 6,10 Procent Wasserstoff enthält, einen Hauptbestandtheil bildet. Dasselbe ist als Nebenproduct bei der Gewinnung des Benzins aus Steinkohlentheer wohlfeil im Handel zu haben. Man erhält so eine Flüssigkeit vom höchsten Kohlenstoffgehalte, welche ohne Docht sehr schwer entzündlich ist, und zugleich diejenigen Eigenschaften besitzt, welche zum Brennen in einer Dochtlampe unbedingt nöthig sind.

Die Verbrennungsproducte sind vollkommen geruchlos, da die Gase, welche das Steinkohlengas begleiten, wie Schwefelwasserstoff, Ammoniak, nicht zugegen sind und daher unangenehm riechende Verbrennungsproducte nicht entstehen.

Der die Flamme speisende Sauerstoff kann eine grosse Verdünnung mit atmosphärischer Luft ertragen. Durch Versuche ist festgestellt, dass eine Luft von ca. 50 Procent Sauerstoffgehalt dieselbe Lichtstärke gibt wie reiner Sauerstoff. Es ist dieses nicht allein ein grosser financieller Vortheil, sondern es macht auch das Verfahren ausführbar, da bei Anwendung von reinem Sauerstoffe so hohe Temperaturen entstehen, dass ihnen auf die Dauer keine Brenner widerstehen könnten. Untenstehendes Diagramm veranschaulicht die erzeugten Lichtmengen im Verhältnisse zu den angewandten Procenten Sauerstoff.

Anzahl der Kerzen.

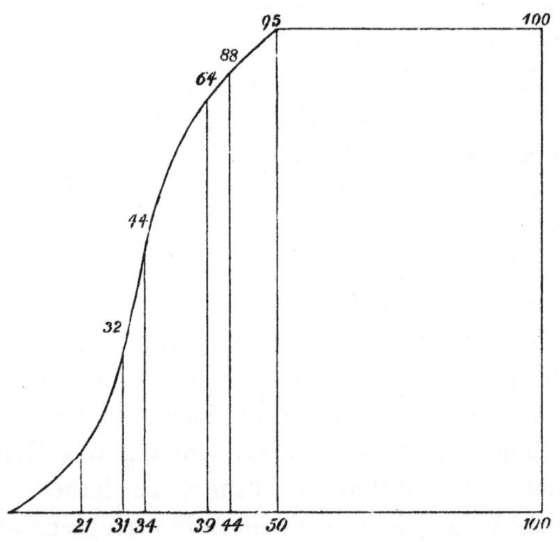

Sauerstoffprocente in Luft.

Die Lichtstärke ist vom Verfasser im Vergleiche zu Paraffinkerzen (6 auf's Pfund) bestimmt worden. Bei 44 Procent Sauerstoffgehalt brennt die Flamme zuerst russfrei und gibt bei 50 Procent ungefähr das Maximum der Lichtstärke. Die höchst bezeichneten Lichtmengen ergeben sich bei 4,8 engl. Cfs. Luftgemisch von 50 Procent Sauerstoff unter 38 Mm. Druck pro Stunde. Der Verbrauch an Flüssigkeit beträgt 25 Gramm pro Stunde.

Zu den photometrischen Messungen ist zu bemerken, dass bei der beschriebenen horizontalen Lage der Flamme durch den undurchsichtigen, absolut dunklen Brenner nur ein Theil des Lichtes auf das Photometer fallen konnte, und daher die dem Photometer abgewendete Flammenhälfte nicht mit zur Messung gelangt ist. Das Licht dieser Lampe ist bei gleicher Stärke weit angenehmer für das Auge, als bei dem Brenner von Tessié. Die Farben werden auch bei dieser Beleuchtung nicht beeinträchtigt, was bei einigen Versuchen im neuen Palmenhause in Frankfurt a. M. günstig hervortrat. Das ungeheuere Zerstreuungsvermögen dieses Lichtes zeigte sich vorzüglich bei der Beleuchtung eines öffentlichen Platzes mittelst einer einzigen Laterne.

Diese neue Beleuchtungsmethode wie auch die Tessié-sche eignet sich vorzüglich zur Erleuchtung von Strassen, grossen Sälen, Theatern, Leuchtthürmen, ferner zu nächtlichen Arbeiten und Tunnelbauten, optischen und physikalischen Zwecken etc.

Eine bisher bestrittene Behauptung, dass eine derartige Kohlenflamme zur Erzeugung von Lichtbildern nicht geeignet sei, wird auf das Bestimmteste dadurch widerlegt, dass unter den Augen des Verfassers mit dem Lichte der Lampe durchaus scharfe Photographien hergestellt wurden.

E. Kirkpatrick in Brüssel hat zur bequemen Darstellung und zum Transporte von Sauerstoff einen Apparat zu dieser Beleuchtung construirt, welcher aus einem eisernen Cylinder besteht; derselbe wird zu einem Fünftel mit einer Mischung aus Chlorkalkbrei und Cobaltsuperoxyd angefüllt. Der sich hierbei entwickelnde Sauerstoff (siehe Seite 11) comprimirt sich in dem Cylinder auf 10 bis 12 Atmosphären, wird mittelst eines Druckregulators in constantem Strome entnommen und vor der Verbrennung mit Luft gemischt. Das Cobaltsuperoxyd wird stets wieder gewonnen. Herr Gasdirector S. Schiele in Frankfurt a. M. hat mit eingehenden Versuchen und umfassender Sachkenntniss das Tessié'sche und des Verfassers Verfahren einer kritischen Beurtheilung unterworfen und deren Resultate im Münchener Journal für Gasbeleuchtung (Juli- und Augustheft 1870) niedergelegt.

Additional material from *Der Sauerstoff,*
ISBN 978-3-662-32513-1, is availableat http://extras.springer.com

Verlag von **Julius Springer** in Berlin.

Die

Chemisch-technischen Mittheilungen

der neuesten Zeit,

ihrem wesentlichen Inhalte nach alphabetisch zusammengestellt

von

Dr. L. Elsner.

Erstes	Heft:	die Jahre	1846—48.	Preis:	— Thlr.	$22\frac{1}{2}$ Sgr.
		(Ist gänzlich vergriffen.)				
Zweites	„	„	1848—50.	„	— „	$22\frac{1}{2}$ „
Drittes	„	„	1850—52.	„	1 „	5 „
Viertes	„	„	1852—54.	„	1 „	6 „
Fünftes	„	„	1854—56.	„	1 „	$7\frac{1}{2}$ „
Sechstes	„	„	1856—57.	„	— „	$22\frac{1}{2}$ „
Siebentes	„	„	1857—58.	„	— „	28 „
Achtes	„	„	1858—59.	„	— „	28 „
Neuntes	„	„	1859—60.	„	1 „	— „
Zehntes	„	„	1860—61.	„	1 „	2 „
Eilftes	„	„	1861—62.	„	1 „	— „
Zwölftes	„	„	1862—63.	„	1 „	6 „
Dreizehntes	„	„	1863—64.	„	1 „	$7\frac{1}{2}$ „
Vierzehntes	„	„	1864—65.	„	1 „	10 „
Fünfzehntes	„	„	1865—66.	„	1 „	10 „
Sechszehntes	„	„	1866—67.	„	1 „	$22\frac{1}{2}$ „
Siebenzehntes	„	„	1867—68.	„	1 „	10 „
Achtzehntes	„	„	1868—69.	„	1 „	12 „
Neunzehntes	„	„	1869—70.	„	1 „	$7\frac{1}{2}$ „

Alphabetisches Sachregister über die ersten 13 Hefte $17\frac{1}{2}$ Sgr.

Diese Jahresschrift bietet dem Gewerbtreibenden und dem technischen Chemiker einen vollständigen Ueberblick über die neuesten und wesentlichsten Erscheinungen auf dem Gebiete der technischen und industriellen Chemie; sie ist für den Fabrikanten, Techniker, Gewerbtreibenden etc. ein bewährter Leitfaden: sich mit den neuesten Erfahrungen auf den ihn interessirenden Gebieten bekannt zu machen.

Jährlich erscheint ein Heft.

Uebersichtliche Darstellung

der aus dem

Steinkohlentheer

erzeugten und abgeleiteten

Farbstoffe.

Von

Anton Pubetz,

techn. Chemiker.

Preis 8 Sgr.